AF536364

Dieses Buch widme ich der Schöpfung Gottes,
der Natur und allem, was sie bedeutet,
sowie meiner Frau, meinen Kindern und Enkeln,
damit sie wissen, wie es einmal war,
auch wenn es nie wieder so sein wird.

Gert G. v. Harling

Ein Leben für die Jagd

66 Jahre gelebte Jagdpassion

jagdleben

WAS ICH NOCH SAGEN WOLLTE

Die Jagd bestimmte seit jeher meinen Lebenslauf.
Auf dem Ansitz finde ich Entspannung,
und mir kommen Episoden, Begegnungen und Abenteuer
in den Sinn, die niederzuschreiben
ich in meinen bisher erschienenen Büchern vergessen habe.

Jagdliches aus der Schublade

Als ich Kind war, lag auf dem Nachttisch meiner Mutter ein Buch mit dem Titel »Ich vergaß zu sagen - Heiteres aus der Schublade«. Die Erwachsenen diskutierten begeistert über dieses Werk, ein Bestseller von Heinrich Spoerl. Es liegt mir fern, den Titel neu aufleben zu lassen (gleichwohl man mir nach fast 70 Jahren keine Plagiatsvorwürfe machen könnte), aber er hätte sich auch für das vorliegende Buch geeignet, denn vieles, was ich erlebte, vergaß ich in meiner Autobiografie »Jagen gegen den Wind« zu erwähnen. Daher hatte ich, als ich zu schreiben begann, den Arbeitstitel »Was ich noch sagen wollte - Jagdliches aus der Schublade« gewählt, denn wenn einer auf Safari geht, dann kann er was erzählen. Meine Jagdleidenschaft führte mich in viele Länder dieser Erde. Allein rund drei Dutzend Mal habe ich den afrikanischen Kontinent bereist. In meinem Gepäck befanden sich Trophäen und Geschichten. Viele dieser Geschichten gingen den Weg über meinen Schreibtisch in den Buchhandel. In 66 Jagdjahren kam dabei eine beachtliche Strecke heraus an Anekdoten und Aufsätzen, Erzählungen und Erinnerungen. Noch habe ich den Grund meiner Schublade aber nicht erreicht ...

Für die einen fängt das Leben mit 66 Jahren erst an, ich nutze über 66 Jahre intensiven Jagens für einen Blick zurück über Wald und Veld (»Land außerhalb der Stadt«, wie das offene, ebene Grasland der subtropischen Höhengrassteppen im südlichen Afrika genannt wird) und alle Kontinente dieser Erde.

Als Kurfürst Johann Georg von Sachsen 1656 in die ewigen Jagdgründe wechselte, vermeldete das sächsische Jagdregister eine Strecke von 116.906 Wildtieren, die der barocke Landesherr während seiner 45-jährigen Regierungszeit erlegt habe. Das waren nach Adam Riese sieben Wildtiere am Tag.

Ich habe in meinem Leben nicht annähernd so viel Wild erlegt, aber die Jagd bestimmte meinen Lebenslauf. Ich habe von ihr gelebt, meinen Unterhalt damit verdient, mehr geschossen, musste mehr schießen und

mehr Zeit in der Natur verbringen als der Durchschnittsjäger. Ich habe ein Leben geführt, das für andere ungewöhnlich ist. Es bestand nicht nur aus Freude, war Arbeit oder auch knallhartes Geschäft, bedeutete Entbehrungen, verbunden mit Strapazen.
Und wenn ich jetzt im Alter immer noch jage, erlaube ich mir die Überheblichkeit, nur wenn ich Freude daran habe, ein Stück Wild zu schießen, sei es eine spezielle Herausforderung, weil andere Jäger an der Nachstellung verzweifeln, es mit herkömmlichen Strategien nicht zur Strecke bringen oder eine besondere Trophäe in Aussicht steht. Das war früher nicht immer der Fall.
Passiv auf einem Hochsitz zu warten, um kunstlos ein Tier zu töten, Jagderfolg dem Zufall zu überlassen, sofern es Zufall überhaupt gibt, oder auf sein Glück zu vertrauen, dafür konnte ich mich nie begeistern. Das bedeutet nicht, dass ich den Ansitz ablehne. Im Gegenteil. Ich finde Entspannung, sehe und lerne stets Neues, und manchmal bleibt Zeit zum Träumen in die Vergangenheit. Und dabei kommen mir Episoden, Begegnungen und Abenteuer in den Sinn, die niederzuschreiben ich in meinen bisher erschienenen Büchern vergessen habe.

Die Last des Alters

Lassen Sie mich meinen Parforceritt durch 66 Jägerjahre mit einem Traum beginnen, einem Albtraum:
Körperliche Strapazen und fortschreitendes Alter haben auch bei mir Spuren hinterlassen. Ich erinnere mich an den Ausspruch meines Stiefvaters: »Junge, denk an deine Rente, irgendwann wirst du älter und vielleicht auch einmal krank ...« Es ist wohl ein Privileg - oder eine Arroganz der Jugend: Im Vollbesitz ihrer jugendlichen Kräfte, hört sie nicht auf die Alten. Dann erwischte es auch mich. Ich brauchte ein neues Knie. Die Beschwerden waren kaum noch auszuhalten. Ein Jagdfreund operierte mich. Er eröffnete mir am nächsten Tag, ich müsste das operierte Bein einmal täglich bis zur Schmerzgrenze belasten. Als ich in dem Vierbettzimmer, links ein stöhnender Bettnachbar, rechts lautes Schnarchen, nicht schlafen konnte, griff ich meine Krücken und schleppte mich auf den Flur des Krankenhauses. Mutig wollte ich die Treppe nehmen, griff das Geländer und bewältigte die erste Stufe. Da fielen meine Krücken zu Boden und landeten scheppernd im Erdgeschoss. Mich durchfuhr ein entsetzlicher Schmerz. Mit Mühe setzte ich mich auf den eisig kalten Steinfußboden. Später rutschte ich schweißgebadet zurück in mein Zimmer. Mein Puls raste. Wie ich ins Bett gekommen bin, weiß ich nicht, erinnere mich nur noch an wahnsinnige Schmerzen.

In meiner Verzweiflung schluckte ich eine Handvoll Tabletten, von denen ich täglich lediglich eine halbe einnehmen sollte, es folgten grauenvolle Albträume: Ich schwamm durch einen Fluss, hinter einem Krokodil her, das ein Holzbein im Maul hatte. Kaum war es vor mir weggetaucht, fand ich mich auf einer Palme wieder, unter der ein Elefant auf einem Holzbein rumtrampelte. Anschließend zerrte ich meine Prothese mit aller Kraft aus dem Fang eines Leoparden und schrie dabei so laut, dass bereits das halbe Krankenhaus zusammengelaufen war und man mich im Bett festband. Als ich erwachte, redeten mehrere Gestalten in weißen Kitteln beruhigend auf mich ein.

Danach hatte ich keine Albträume mehr und verließ nach drei Tagen humpelnd das Hospital.

Kurz darauf bekam ich einen Herzschrittmacher. Ein großes Problem vor dem Eingriff war, den Professor davon zu überzeugen, dass das Gerät in die linke, nicht, wie von ihm gewünscht, in die rechte Schulter implantiert wird. Als ich ihm den Grund erläuterte, ich bin Rechtsschütze, musste ich ihm von meinen Jagdabenteuern erzählen.

Während der Operation unterhielten wir uns angeregt. Immer wieder schüttelte der Chirurg den Kopf, lachte, grinste und schien sich wenig auf seine ursprüngliche Arbeit zu konzentrieren. Im Grunde war es eine lustige Operation.

Der Berufsjäger Carlo Engelbrecht begleitete mich auf der Jagd in der Republik Südafrika.

JAGEN IN DER JUGEND

Auf einem einsam gelegenen Forstgut in der Lüneburger Heide bin ich aufgewachsen, seit frühester Jugend in Einklang mit der Natur, in enger Berührung mit Jagd, Hunden und Pferden. Die Liebe zum ländlichen Leben wurde zu meiner Passion, die zeitlebens andauerte und stets Mittelpunkt meines Lebens blieb.

Schöne alte Welt

Ernst Wiechert, der ostpreußische Heimatdichter, wuchs in einem einsamen Forsthaus auf. Eines seiner Bücher beginnt mit den Worten: »Am Anfang meines Lebens war der Wald ...« Das trifft auch auf mein Leben zu. Es war nicht der Zeitgeist des 21. Jahrhunderts, der das Waldbaden erfunden und aus ihm eine Art Ersatzreligion gemacht hat. Ich habe mich schon als kleiner Junge mehr in der freien Natur aufgehalten als im Hause, habe früh gelernt, über Gottes unnachahmliche Schöpfung zu staunen, und mir diese Fähigkeit des Staunens bis heute erhalten.

In meinem Büro, auf dem Nachttisch im Schlafzimmer, in der Diele zwischen all den Gehörnen und Geweihen hängen Bilder meines Elternhauses und erinnern an eine unbeschwerte Jugend, wie sie heute wohl kaum noch jemand nachvollziehen oder erleben kann.

»Ubi bene, ibi patria!« Wo ich mich wohlfühle, da ist mein Vaterland, meine Heimat. Ursprünglich Bostel oder Borstel (Wohnstätte, Siedlung) genannt, erhielt der Ort seinen heutigen Namen durch die Familie von Feuerschütz, die zum ersten Mal im Jahr 1430 urkundlich erwähnt wurde. Über 200 Jahre waren sie Erbherren auf Feuerschützenbostel, bis 1679 die männliche Linie ausstarb. Es folgte ein häufiger Wechsel der Besitzer. 1834 übertrug König Wilhelm IV. das Lehen an den Landkommissar Franz von Harling aus dem benachbarten Eversen. Seitdem befindet sich das Gut, nunmehr in der sechsten Generation, im Besitz der Familie von Harling.

Auf diesem einsam gelegenen Forstgut in der Lüneburger Heide wuchs ich auf, seit frühester Jugend in Einklang mit Natur, Land- und Forstwirtschaft, in enger Berührung mit Jagd, Hunden und Pferden. Die Liebe zum ländlichen Leben wurde zu meiner Passion, die zeitlebens andauerte und überall Mittelpunkt meines Lebens blieb.

Getrübt wurde die Zeit höchstens durch Jagdverbot, wenn meine Brüder und ich in den gepflegten Rabatten rund um das Herrenhaus mit dem Luftgewehr die kostbaren Rosen, der ganze Stolz und die größte Freude meiner Großmutter, »pflückten« oder auf dieselbe Art die mit Holzklammern an langen Leinen aufgehängte Wäsche »abnahmen«.

Mein Jungsjagdparadies - eine Zeit, die nie wiederkommt

Auf dem einsamen Rittergut, auf dem ich meine traumhafte Jugend genießen durfte, gab es noch Kühe, Rinder, Pferde, Schweine, Hühner und natürlich Jagdhunde. Besonders prägend für meine spätere Jägerlaufbahn war Axel, die Dachsbracke unseres Wildmeisters. Wertvoll und prägend nach der alten Weisheit der Rüdemänner: »Erfahrener Jäger erzieht jungen Hund, erfahrener Hund erzieht jungen Jäger«, Axels Stammbaum reichte wahrscheinlich weiter zurück als meiner.
Mit Tieren war ich jedenfalls von Kindesbeinen an vertraut.
Meine Geschwister und ich wuchsen mit ihnen auf und lebten mit ihnen.
Liebe und Respekt vor unseren Mitgeschöpfen war eine Selbstverständlichkeit, genauso wie der Respekt vor Eigentum.
Dem Lauf der Zeit folgend, sind Pferde und Jagdhunde heute die einzigen tierischen Mitbewohner auf dem Hof.
Wir lernten bereits als Kinder, dass auch Jäger unverzichtbare Aufgaben in der ihnen anvertrauten Schöpfung erfüllen. Ich habe es zwar nicht »ökologisch« genannt, aber diese Verantwortung verinnerlicht, als hätte ich Ökologie studiert.
Den ökologischen Gedanken, Schutz der Umwelt, Regeln der Nachhaltigkeit, haben meine »altgrünen« Vorfahren, Jäger, Forstleute oder Landwirte, schon viel früher gedacht und praktiziert, als es heutigen »Neugrünen«, selbst ernannten Tier- und Umweltschützern, in ihr von Ideologie verstelltes Weltbild passt.
Meine Mutter stellte uns Kindern jedes Jahr ein kleines Stück ihres Gemüsegartens zur Verfügung. In dem durften wir nach Herzenslust pflanzen, jäten und ernten. Jeden Frühling war es das Gleiche: Wir steckten kleine Samenkörner in die Erde und erwarteten gespannt das Wunder der Natur, aus ihnen eine Pflanze wachsen zu sehen. Hatten wir es mit dem Gießen zu gut gemeint, zerwühlte ein Maulwurf die Beete oder pickten Vögel die Saat aus dem Boden, beruhigte uns Mutter damit, dass der liebe Gott alles zu seiner Zeit regeln werde. Und das traf auch immer zu: Wenn unsere Hoffnung kleiner wurde, wir das Vertrauen auf die Zuverlässigkeit des lieben Gottes zu verlieren begannen, sprossen doch Pflanzen aus der Erde, da so reichlich gesät worden war, dass nie alle Samen untergingen. Und jedes Mal gab es Freude und Staunen. Wir betrachteten es eben als Wunder, eine jährlich voraussehbare, aber aufregende Wiederkehr.

Eine Dachsbracke war mir in meiner Jugend ein stets treuer Gefährte.

Die Welt der Dohlen hat mich und meine Brüder schon früh fasziniert.

Unsere Tierliebe ging so weit, dass wir junge Dohlen aus ihren Nestern in den alten, hohlen Buchen, ehemalige Schwarzspechthöhlen, im Park holten und zähmten. Natürlich war das verboten. Die offizielle Lesart war daher: »Sie sind aus dem Nest gefallen, wir mussten sie retten!« Die Vögel wurden schnell zutraulich und sehr anhänglich, begleiteten uns, wenn wir mit dem Fahrrad die drei Kilometer zur Volksschule in das benachbarte Dorf Eversen fuhren, und holten uns dort auch wieder ab. Die Atzung, Frösche, Mäuse und Ratten, wurde vor dem Verfüttern fachgerecht abgebalgt und zerwirkt. So waren wir schon früh mit der Anatomie der Tiere vertraut.

Dohlen sind Zugvögel bzw. waren es, als die Winter schneereicher und kälter waren. Der Abschied von unseren Hausgenossen im Herbst war deshalb unvermeidlich. Einmal kehrte im darauffolgenden Frühjahr ein zahmer Vogel wieder zum Gut zurück. Er hatte, trotz fehlender Menschenscheu, die Reise in den Süden überlebt, war vertraut, als wäre er nie fortgezogen, und verbrachte den Sommer wieder mit uns.

Eine (oder einer) von ihnen, er oder sie hieß Jakob, endete tragisch. Jakob ließ sich auf der glühenden Herdplatte neben einem Topf mit auch für Krähenvögel verlockendem Inhalt nieder, und seine Ständer verglühten in Sekundenschnelle, bis auf kurze Stümpfe. Ehe unsere Haushälterin den wild flatternden, an der Platte klebenden Vogel ergreifen konnte, waren die Beine des armen Tieres um zwei Drittel zusammengeschmolzen. Wir mussten Jakob töten.

Händewaschen ist Luxus

In meiner Jugend hatte Hygiene nicht den Stellenwert, den sie heute besitzt. Wir tranken im Kuhstall mit Vergnügen die frisch gemolkene, weder erhitzte, sterilisierte, homogenisierte noch pasteurisierte Milch unmittelbar aus den großen Blechkannen. Nach dem Melken wurden sie an die Straße gestellt und täglich mit einem Pferdefuhrwerk, später von einem Lastwagen zur Molkerei gebracht.
Eine weitere Köstlichkeit waren frisch gedämpfte Kartoffeln, die für die Schweine vorgesehen waren. Sie schmeckten auch direkt aus dem Trog. Für regelmäßiges Händewaschen hatten wir keine Zeit. Was man heute als mangelnde Hygiene bezeichnen würde, hat uns damals stark gemacht, unsere natürlichen Abwehrkräfte gestärkt und uns gesund erhalten. Krankheiten wie Allergien Fehlanzeige, wir waren gegen die üblichen Wehwehchen immun.
Auch später, wenn ich auf meinen Jagdreisen aus Wasserlöchern getrunken habe, in denen Wild sich gelöst und gesuhlt hatte oder massenhaft Ungeziefer verborgen war, bin ich nie ernsthaft krank geworden.
Bei meinen Kindern habe ich, zum Leidwesen meiner Schwiegermutter, auch keinen übertriebenen Wert auf Hygiene gelegt. Ich erinnere mich, dass einmal mein zweijähriger Sohn zu meinem Jagdterrier Chico auf die Sauschwarte kroch und ich mich freute an dem Hund, der es sich gefallen ließ, dass der kleine Junge ihm einen nicht sehr appetitlichen Knochen aus dem Fang nahm. Ich war begeistert von der Wesensstärke meines Hundes, bis mich ein spitzer Schrei - die Großmutter sprang auf, griff sich ihren Enkel, trug ihn hektisch ins Badezimmer und wusch den kleinen Kerl mit Sagrotan ab - unsanft auf den sauberen Boden der Realität zurückbrachte.
Grippe oder andere Erkältungssymptome waren uns auch deswegen fremd, weil wir abgehärtet waren, uns bei jedem Wetter, sommers wie winters, mehr draußen in der Natur als im Hause aufhielten. Dazu trug gewiss bei, dass wir auf der Entenjagd auch bei Frost unsere Beute selbst aus dem Wasser apportieren mussten, bevor wir eigene Hunde hatten.

Eine Welt für sich

Auch in seiner höchsten Blütezeit hatte das einsame Dorf nie mehr als 30 Einwohner. In Bostel, wie der kleine Ort von jedermann in der Umgebung genannt wurde, lebten ausschließlich meine Familie und die

Angestellten des Gutes. Mit ihnen unterhielten wir uns Plattdeutsch, während wir zu Hause Hochdeutsch sprechen mussten. Alle schätzten und unterstützten sich gegenseitig, hielten zusammen - wir bildeten eine verschworene Dorfgemeinschaft.

Das Herrenhaus war zugleich auch Poststation. Zweimal in der Woche wurde die Post gebracht und abgeholt. Das einzige Telefon des ganzen Ortes stand in der großen, im Winter eisig kalten Diele des Gutshauses.

Freitags kam ein Auto des Kolonialwarenhändlers, versorgte uns mit Kleinigkeiten für den täglichen Bedarf, nahm die Post mit und berichtete den neuesten Klatsch aus der Nachbarschaft, manchmal auch, aber da bestand weniger Interesse, Nachrichten aus der großen, ach so fernen Welt. Ansonsten waren alle Familien autark, bewirtschafteten nach Feierabend ihr Deputatland und waren zufrieden.

Fallwild, Verkehrsopfer gab es in jener Einsamkeit noch nicht. Das Gut war nämlich nur über eine von Birken gesäumte, mit Kopfsteinen gepflasterte Straße und einen sogenannten Sommerweg für Pferdefuhrwerke oder Kutschen erreichbar. Kam unerwartet ein Fremder in diese abgelegene Idylle, glich das einer Sensation.

Handwerk hat grünen Boden - Bisam küchenfertig

Ein Handwerk kann man erlernen. Vom Lehrling arbeitet man sich über den Gesellen bis zum Meister hoch.

Bei Wildmeister Mackerodt, der »treuen Seele« des elterlichen Gutes, ging ich in eine harte Lehre und »genoss« eine strenge jagdliche Erziehung. »Der wilde Meister« legte seinen ganzen Ehrgeiz darein, uns das Jagdhandwerk in Perfektion zu lehren, meine Brüder und mich zu firmen Jägern zu machen.

Als ich mit 15 Jahren die Jägerprüfung ablegen wollte, wurde ich von einer ehrwürdigen Kommission alter Waidmänner gefragt: »Wie lange gehst du denn schon zur Jagd?«

Antwort: »Seitdem ich klein bin.«

»Und immer mit Wildmeister Mackerodt?«

Ich nickte.

»Bestanden!«

70 Jahre sind seitdem vergangen, aber sein Ausspruch »Die Ehrfurcht vor Fauna und Flora ist die oberste Maxime des Jägers« klingt mir noch heute in den Ohren.

Wie oft verzweifelte ich fast, wenn nach stundenlangem Üben der Boden um mich herum mit zerrissenen Buchen- oder Fliederblättern bedeckt war und ich noch immer keine naturgetreuen Fieplaute imitieren konnte.

Bevor ich das erste Mal einen Hirsch mit der Muschel angehen durfte, verbrachte ich mit unserem Wildmeister viele, viele Stunden im Revier, lauschte dem gewaltigen Brunftkonzert, und jeder Ruf, jeder Trenzer, jedes Knören wurde ausführlich kommentiert.
»Ein alter Brunfthirsch hat es nicht verdient, kunstlos vom Hochsitz aus gemeuchelt zu werden. Lerne die Stimmen zu unterscheiden, zu interpretieren und zu imitieren, dann kannst du ihn angehen, auf 20, 30 Gänge erlegen, das ist Jagd!«
Wie recht hatte doch der Alte ...
Kaum ein Spaziergang endete, ohne dass wir getrimmt wurden, Entfernungen zu schätzen. Wie weit entfernt steht der Baum, liegt der Stein oder hängt der Nistkasten? Der Abstand wurde abgeschritten, und mit der Zeit konnten wir in jedem Gelände Distanzen auf wenige Meter genau bestimmen. Dies Wissen wird heute durch digitale Entfernungsmesser ersetzt. Kleine, handliche oder in Ferngläser integrierte Laser-Entfernungsmesser übernehmen diese Funktion.
»Winnetou hat seine Feinde auf allen vieren angekrochen. Wäre er wie ein Bergmann auf seinem Arschleder auf seinem Hintern gerutscht, wäre er wohl noch am Leben«, predigte der wilde Meister, wenn es darum ging, an ein Stück Wild auf Schussnähe heranzukommen. In der Tat ist es günstiger, auf dem Hinterteil zu rutschen, als auf Händen und Knien Wild anzukriechen. Aber sich dem Wild im Kriechgang zu nähern oder nahe einem Wechsel auf dem Boden liegend zu warten, wie es mir beigebracht wurde, ist heutzutage passé, Kanzeln und stark vergrößernde Zielfernrohre haben diesen ursprünglichen Part des Jagens abgelöst.
Immer wieder wurden wir angehalten, uns durch geduldiges Beobachten mit den Tieren des Waldes vertraut zu machen.
Heute nehmen sich (oder haben) viele Jäger nicht mehr die Zeit, eine Rotte oder ein Geheck, eine Kette oder auch ein einzelnes Stück über mehrere Wochen oder gar Monate zu beobachten, um mehr über die jeweilige Wildart zu ergründen. Kaum sehen sie einen alten Bock, Sauen oder einen Fuchs, wird geschossen. Das Wissen über Verhalten, Bedürfnisse, Gewohnheiten oder Sozialstrukturen der einzelnen Wildarten ist zum Leidwesen des Wildes weitgehend angelesen.
Einen der vielen Hundert Bisams, die ich als damals jüngster, amtlich bestätigter Bisamfänger Niedersachsens fing, balgte ich in knapp drei Minuten ab. Ich schärfte Schwanzspitzen und Pfoten ab (als Nachweis, um Fangprämien zu kassieren), es folgte der Schnitt vom Waidloch an der Außenseite der Keulen entlang, und zwei Minuten danach war das Tier komplett »küchenfertig«. Sofern der Kern nicht verfüttert wurde,

wanderte er auf den Luderplatz, wo er meistens schon am nächsten Tag verschwunden war. Viele Jahre später, nachdem ich eine Trapline in Britisch-Kolumbien betreut hatte, lernte ich Bisamfleisch zu schätzen. Es schmeckt köstlich.

Raubwild wurde meistens im Wald gestreift, es dauerte nicht viel länger. Zu Hause mussten wir dann Pranten, Gehöre und Lunte nacharbeiten, wozu, habe ich nie verstanden. Für Mützen, Muffs, Innen- und Außenpelze oder eine Fuchsdecke werden sie schließlich nicht gebraucht.

Stare, Spatzen, Drosseln, Krähen und Eichelhäher, die wir mit dem Luftgewehr erlegt hatten, wurden von uns küchenfertig gemacht und von unserer Haushälterin gebraten.

Auch das eigenhändige Präparieren von Trophäen war für uns eine Selbstverständlichkeit.

Sei es, wie es sei, traumhafte, wenngleich auch harte jagdliche Lehrjahre, wie ich sie genoss, sind selten geworden. Manchen angehenden Jägern wird das Jägerhandwerk in dreiwöchigen Crashkursen eingetrichtert.

Tierschutz, Naturschutz, Waffenrecht, Hygienerichtlinien - all das sind gewiss wichtige Prüfungsfelder, aber das Jagdhandwerk, die hohe Kunst des Jagens von der Pike auf zu lernen gehört immer mehr der Vergangenheit an.

Aufbruch in den Wald?

Unser Wildmeister erwartete, dass wir ein Reh in maximal fünf Minuten aufbrachen. Heute wird das Wild bei Drückjagden von einem professionellen Team zentral aufgebrochen und der Aufbruch, auch aus Sorge vor der ASP, fachgerecht entsorgt.

Im Winter das Weiß des erlegten Schalenwildes für die Meisen in den Baum hängen, mit Pansen, Milz oder Drossel den Hund genossen machen, Lunge als Schleppe zum Luderplatz und Herz, Leber, Niere in das Gulasch oder gar Brägen für den Eigenverbrauch nutzen, davor ekeln sich »moderne« Stadtmenschen und auch so manche junge Jäger. Stattdessen werden hochwertige Nahrungsmittel vernichtet, denaturalisiert, für viel Geld chemisch entsorgt und so dem natürlichen Kreislauf entzogen. Dass Heerscharen von Tieren, vor allem Klein- und Kleinstlebewesen, von im Wald verbliebenen Aufbrüchen profitieren, wird aus unerklärlichen Gründen ignoriert, »schließlich muss der deutsche Wald sauber bleiben«!

So abscheulich ein von Maden wimmelnder Kadaver wirken mag, so wichtig ist deren Aufgabe für die Umwelt. Durch sie wird Aas in der Natur verarbeitet und beseitigt.

Die Biomasse von Mäusen in deutschen Wäldern ist um ein Vielfaches größer als die des Schalenwildes. Kaum jemand macht sich Gedanken darüber, wer diese Millionen kleinen Tierkörper, dazu die zahllosen verendeten oder eingegangenen Vögel, Lurche etc. beseitigt.
Schmeißfliegen gehören neben Totengräbern, Ameisen, Rabenvögeln und Füchsen zur Gesundheitspolizei in der Natur. Fliegen sind Nahrungsgrundlage für viele andere Tierarten wie Spinnen und Libellen, Amphibien, Fische, Fledermäuse und Vögel.
Aber nach letzter Lesart opfern wir doch lieber Fuchs und Igel, Rabe und Greif und vor allem die vielen Tausend, wahrscheinlich weitaus mehr, Kleintiere, Maden und Würmer, Larven und Raupen, Käfer und Fliegen, eine ganze Welt von Mikroorganismen, einer Ideologie, nehmen ihnen ihre Lebensgrundlagen und lassen sie verhungern, man sieht sie ja ohnehin nicht, zumindest »Naturexperten«, die uns vom Schreibtisch aus weise Vorschriften machen, kennen sie nicht.

Ruhe im Wald - der wilde Meister und sein Wild

Der Rothirsch ist noch nicht sehr lange der »König der Wälder«. Ursprünglich war er tag- oder dämmerungsaktiv und fühlte sich im Wald überhaupt nicht wohl. Wegen intensiver Landnutzung und Jagd, Erholung suchender Naturfreunde, seit einigen Jahren auch wegen der Wölfe kann Wild die Wälder oft erst in der Dämmerung verlassen, erst wenn Kimme und Korn nicht mehr zu erkennen sind, in die Felder und Wiesen ziehen, seinen natürlichen Lebensraum großräumig nutzen. Das war auch in den elterlichen Waldungen so, Schälschäden waren entsprechend hoch.
Nachdem Mackerodt seinen Dienst angetreten hatte, hatten Pilzsucher, Beerensammler, Stangensucher, aber auch harmlose Spaziergänger einen schweren Stand, sie wurden rückhaltlos aus dem Wald gejagt. Dem alten Berufsjäger war die Ruhe des Wildes heilig. »Ruhe im Wald, Druck im Feld und Gemeinschaftsjagden im Herbst« war seine Devise!
Auf unseren kargen Standorten, auf denen hauptsächlich Kiefern stehen, hatten wir zwei Wildäcker. Dort standen zwar Hochsitze, von ihnen ließ sich Wild auch am Tage beobachten, aber geschossen wurde an diesen Äsungsflächen nur in Ausnahmefällen. Ruhe und abwechslungsreiche, saftige Äsung waren gewiss ausschlaggebend, dass Schälschäden weniger wurden.
Um unliebsame Menschen einzuschüchtern, war Mackerodt nicht zimperlich. Ich entsinne mich einfacher Holzschilder mit erfolgreicher

Eure Majestät, der Rothirsch!

Im lichten Farbenspiel des Frühjahrs.

Sonnenstrahlen verzaubern den Wald.

Wirkung, auf denen er in kunstvollen Lettern geschrieben hatte: »Achtung! Kreuzottern! Telefonnummer des nächsten Arztes 476060« Im Winter wurde das Wort »Kreuzottern« durch »Tollwut« ersetzt.
Es war selbstverständlich, dass wir uns leise zurückzogen, wenn wir Wild auf der Pirsch begegneten oder es nahe dem geplanten Ansitz ausgetreten war, auch wenn es sich »nur« um einen Hasen, Reiher oder Ähnliches handelte. Keinesfalls wurden Tiere beunruhigt - wir gingen woandershin.
Saßen wir nahe den Rotwildeinständen an, verbrachten wir die Nacht auf unserem Posten, schlichen erst am nächsten Morgen nach Hause, damit Störungen durch abendliches Verlassen oder der erneute morgendliche Gang zum Ansitz das Wild nicht verprellten.
Ruhe und ungestörte Rückzugsgebiete waren entscheidend dafür, dass unser Revier zu den besten des Landkreises zählte. Die Wildbestände profitierten zudem von der Kahlschlagwirtschaft: Wir schöpften jagdlich aus dem Vollen. Grüne Ideologen, Umweltschützer und Naturschutzorganisationen hatten noch nicht den Einfluss, der heute besteht. Er entwickelte sich erst nach dem sogenannten Waldsterben und mit der Zunahme des Laubholzanteils, der Umgestaltung von Fichten- bzw. Kiefern- in Mischwaldbestände.
Als in Niedersachsen ein neues Waldbetretungsrecht in Kraft trat, Privatwege nicht mehr für Besucher gesperrt werden durften, der Wald für allerlei Freizeitaktivitäten der Öffentlichkeit zur Verfügung stand, nahmen Schälschäden wieder zu. Das Wild änderte seine Gewohnheiten, wurde dämmerungs- oder nachtaktiv, nachdem wir vorher Rot-, Schwarz- und Rehwild regelmäßig am Tage beobachten konnten. Natürlich hatten auch sich wandelnde Formen der Bewirtschaftung in der Land- und Forstwirtschaft Einfluss auf die Bejagung.

Starke Ricken, starke Kitze und Ratten des Waldes

Neben den vielfältigen Aufgaben, die bei der Verwaltung eines großen Forstbetriebes zu bewältigen sind, lagen unserem Wildmeister die Probleme, die der hohe Wildbestand bereitete, besonders das schwache Rehwild, am Herzen.
Während aus Unkenntnis, Zeitmangel oder aufgrund ideologischer Verblendung heute die Devise Zahl- vor Wahlabschuss gilt, Rehwild kaum noch selektiv auf der Einzeljagd, sondern »sportlich« auf Drückjagden abgeknallt, von grünen Förstern als »Ratten des Waldes« bezeichnet wird, schaffte der erfahrene Berufsjäger es, die Qualität unseres Rehwildbestandes zu erhöhen.

Im blauen Dunst des nahenden Abends – was die Ricke wohl vernommen haben mag?

»Alle Welt redet von Abschussböcken, dass es auch Abschussricken gibt, weiß kaum jemand«, schimpfte er. Voraussetzung für starke Stücke und ordentliche Trophäen sind gesunde, stressfrei lebende Ricken. Zuwachs, ausgewogene Geschlechterverhältnisse und Wilddichten erreicht man durch Schonen bzw. den richtigen Abschuss weiblicher Stücke, nicht der Rehböcke, so die Meinung des Wildmeisters. Jagd ist verantwortungsvolle, nachhaltige Nutzung, die in vielen Gegenden zu einer Form der »Schädlingsbekämpfung« degeneriert, das hatte er bereits vor über einem halben Jahrhundert erkannt.

Schon während der Blattzeit beobachteten wir die Ricken, orientierten uns am körperlichen Zustand der Kitze, merkten kümmernde Stücke für den Abschuss vor und versuchten, den gesamten Familienverband zu erlegen.

Wir erledigten den Abschuss des weiblichen Rehwildes in der Zeit des Verfärbens, im September und Oktober, wenn sich Alter, Gesundheitszustand, allgemeine Kondition sicherer ansprechen lassen als in anderen Jahreszeiten. Zudem lässt sich das Wild meistens noch bei gutem Licht beobachten.

Da die Entwicklung der Kitze sehr von ihrem Wachstum im ersten Sommer oder Frühherbst abhängt, wurden schwache ohne Rücksicht auf das Geschlecht mit der Ricke erlegt. Normalerweise waren sie spät gesetzt worden, oder die Mütter waren uralt und konnten nicht genügend Milch produzieren. Selbstverständlich wurden erst die Kitze, dann die Ricke erlegt. Viele Jäger, sogar Wildbiologen behaupten, Kitze seien im Herbst nicht mehr auf Muttermilch angewiesen und kommen, wenn die Jagdzeit beginnt, ohne Säugen aus. Wer sich aber intensiv mit Rehwild beschäftigt, weiß, dass das nicht zutrifft. Verwaiste Kitze überleben zwar, kümmern aber. Starke, gesunde Ricken säugen bis in den Januar hinein. Die Führung durch das erfahrene Altreh ist mit entscheidend dafür, wie sich Kitze entwickeln.

Damals erhielten Reviere »Hegemedaillen«, wenn überdurchschnittlich viele Knopfböcke geschossen wurden. Auch bei uns standen viele schwache Jährlinge. Meine Großväter hatten erstaunlicherweise nur starke Sechser erlegt. Die wenigen schwachen Böcke und weibliches Rehwild wurden von Angestellten geschossen. Die guten Trophäen der von meinen Vorfahren erlegten Rehböcke in der Eingangshalle des Herrenhauses beweisen, dass es starkes Rehwild bei uns gegeben haben muss, was uns schließlich zum Umdenken veranlasste.

Wir markierten drei Bockkitze und beobachteten sie über mehrere Jahre. Anfangs waren es kümmerliche Zwei- und Dreijährige, entwickelten sich nach dem vierten oder fünften Jahr aber zu respektablen Sechsern. Nach langen Diskussionen zwischen uns Brüdern und dem Wildmeister wurde die Parole ausgegeben, lediglich an Wildbret schwache Jährlinge zu schießen, alles andere, ob kaum sichtbare Knöpfchen oder schwache Spieße, zu schonen. Die Devise des Wildmeisters »Willst du starke Böcke schießen, musst du alte Böcke schießen« hat sich bewährt.

Nach unserer Konfirmation, also mit 14 Jahren, durften wir unsere ersten Rehböcke schießen. Keinen x-beliebigen, sondern einen schwachen oder abnormen, den wir selbst bestätigen mussten. Vorher hatten wir allerdings schon weibliches Rehwild erlegt. Nicht irgendein Kitz, Schmalreh oder eine Ricke, sondern es wurde großer Wert auf Wahlabschuss gelegt. Da war unser Wildmeister unerbittlich. Sein Argument, wonach die Hälfte der Erbmasse von der Mutter kommt, ist schließlich einleuchtend.

Vieles von dem, was ich von dem erfahrenen Praktiker und versierten Wildbeobachter Mackerodt gelernt habe, habe ich in meinen Büchern weitergegeben.

Ein langer Weg

Nach der frühen Jugend im Paradies musste ich ins Internat. Das bedeutete, weniger Jagd, von heute auf morgen erwachsen werden. Mein Stiefvater behauptete anlässlich eines Familienfestes nach meiner Rückkehr von einer Safari, ich hätte es immer noch nicht geschafft. Da zählte ich bereits mehr als 25 Lenze.

Nachdem mein älterer Bruder den elterlichen Besitz übernommen hatte, führte er das, was uns Mackeroth über jagdliche Ethik, jagdliche Moral, jagdliches Handwerk eingebläut hatte, weiter.
Als ein Vetter sich im Sommer rühmte, er habe drei Jungfüchse geschossen und die Welpen in einem Graben »entsorgt«, wurde er auf unserer Jagd nie wieder gesehen.
Ein anderer, der sich nach dem dritten Ansitz beklagte, er habe nichts gesehen und es wäre ziemlich langweilig gewesen, wurde ebenfalls nie wieder eingeladen.
Als mein sehr passionierter Bruder unsere Jagd später verpachtete, ärgerte er sich dermaßen über das Verhalten der Pächter und deren Anhang, über die Einstellung der Menschen zu ihren Mitgeschöpfen und war so enttäuscht über die Entwicklung einer Passion, die wir stets mit Herzblut ausgeübt hatten und die immer mehr zum Schieß- und Freizeitvergnügen verkommt, dass er heute Gesellschaftsjagden konsequent ablehnt und nur noch allein jagt.

Falsche Fährte, falsche Jagd

Als ehemaliger Spieß bei der Kavallerie hatte Mackerodt uns, ganz im Sinne meiner preußischen Mutter, eingebläut, stets pünktlich zu sein, besonders auf der Jagd. »Kommst du zu einem Essen zu spät, wirst du immer noch etwas bekommen, auf einem Ball wird deine Tischdame nicht nach Hause gehen, aber auf der Jagd hast du das Nachsehen, wenn die Schützen bereits ausgerückt und abgestellt sind« war seine Devise, und an die habe ich mich immer gehalten.
Einmal allerdings habe ich es mit der Pünktlichkeit übertrieben.
Kaum lag die verheißungsvolle, lange herbeigesehnte Jagdeinladung in den Saupark Springe auf meinem Schreibtisch, sagte ich zu.
Am nächsten Tag fand ich zwischen der Post eine weitere Jagdeinladung. Der Leiter des Klosterforstamtes, nicht weit von Springe entfernt, plante, am selben Tag im Deister zu jagen.
Gewissensbisse quälten mich, als ich den Inhalt der Schreiben verglich: Auf der zugesagten Jagd waren Frischlinge und Überläufer frei. Die Klosterkammer zeigte sich generöser: Rotwild, einschließlich schwacher Hirsche, Schwarzwild ohne Gewichtsbegrenzung, Rehwild und Raubwild dürfe man erlegen, hieß es. Dass von allem reichlich vorhanden war, wusste ich von Jagden in vergangenen Jahren.
Nach langem Abwägen sagte ich in einem höflichen Entschuldigungsschreiben im Saupark wieder ab und steckte die Zusage an das Klosterforstamt in den Briefkasten.

Und dann war es so weit.
Wenn ich zu einer weiter von meinem Wohnort entfernten Drückjagd eingeladen bin, fahre ich oft schon am Vorabend in das betreffende Revier und übernachte mit meinem Hund in eine Wolldecke gewickelt bei Wind und Wetter vor Ort am morgendlichen Treffpunkt. Viele Jagdhelfer, die morgens den Streckenplatz vorbereiten, kennen uns schon, und pensionierte Waldarbeiter bringen dann freundlicherweise stets eine Kanne heißen Tee für mich und eine Wurststulle für meinen Hund mit.
Diesmal kehrte ich aber am Abend vor der Jagd erst spät aus Mecklenburg von einer anderen Jagd nach Hause zurück und fuhr daher erst morgens los.
Um 8.30 Uhr sollte Stelldichein im Deister sein, erinnerte ich mich.
Die Wettervorhersage hatte Straßenglätte prophezeit. Sicherheitshalber plante ich zwei Stunden Autofahrt von Lüneburg ein, um pünktlich am Ziel zu sein, zumal ich den Forstamtsleiter seit Langem kannte: ein Urmensch, aber auch ein Uhrmensch.
Als ich mich der niedersächsischen Landeshauptstadt nähere, wird es bereits hell. Ein Blick in den Autoatlas und ein erschreckter Griff nach der Einladung - oh weh, beides ruht zu Hause auf dem Küchentisch. Pech! Die grobe Richtung ist mir zwar von Jagden in den letzten Jahren bekannt, trotzdem bin ich nervös, als der Wagen auf einsamen Schotterstraßen durch das riesige Waldgebiet rollt. Zu allem Überfluss ist dichter Nebel aufgekommen.
Die Zeiger der Uhr drehen sich unbestechlich weiter. Mich beschleicht das Gefühl, bereits den gesamten Deister an diesem Morgen abgefahren zu haben.
Da kommt mir auf einem breiten Waldweg ein Auto entgegen! Am Steuer sitzt ein Grünrock. Beim Näherkommen erkenne ich den Präsidenten der niedersächsischen Jägerschaft. Freudiges Winken, zufrieden lehne ich mich zurück, wende meinen Wagen, um erleichtert meinem Bärenführer zu folgen.
Von rechts naht auf einem anderen Waldwirtschaftsweg ein weiteres Fahrzeug, ebenfalls mit einem Jäger am Steuer, der sich uns anschließt, und wenige Minuten später parken wir unsere Autos am lodernden Feuer, wo bereits zahlreiche Bekannte warten.
8.20 Uhr, erleichtert steige ich aus dem Wagen.
Freudige Begrüßung, ein kleiner Schluck, eine angebotene Zigarre und dann ein erneuter Blick auf die Uhr - 8.40 Uhr. »Früher begannen die Jagden noch pünktlich, aber das waren ja wohl die guten alten Zeiten, die nun vorbei sind, wenn sonst bei der Jagd schon nichts auf der Strecke

bleibt, dann wenigstens Pünktlichkeit, Disziplin und Ordnung«, frotzele ich.

»Immer langsam mit den jungen Pferden, 20 Minuten haben wir noch«, erwidert ein Freund neben mir. Ich mucke auf, werde aber belehrt, offizieller Jagdbeginn sei 9.00 Uhr. Sollte ich widersprechen?

Kurz vor neun kommt der Forstmeister des Sauparks auf mich zu, ein fragender Blick, dann nimmt er seine Zigarre aus dem Mund, begrüßt mich und gibt den Beamten den Befehl, sich zum Blasen zu formieren.

Unsicher wandern meine Augen von einem Jäger zum anderen. Den Vorsteher des Klosterforstamtes kann ich nicht entdecken, und mir wird schlagartig klar: Ich bin auf der falschen Jagd, auf der, die ich abgesagt hatte!

Fast eine halbe Stunde habe ich mich so angeregt mit alten Freunden und Bekannten unterhalten, dass es mir nicht sofort aufgefallen ist.

Mit leicht gerötetem Kopf stammele ich verlegen ein paar entschuldigende Erklärungen, und nach kurzer Wegbeschreibung rast mein grüner Volkswagen durch den einsamen Deister zum nächsten, zehn Kilometer entfernten Sammelplatz. Ihn finde ich verwaist. Lediglich ein pensionierter Waldarbeiter hütet das Feuer bis zum mittäglichen Stelldichein der Jäger, die pünktlich um 8.30 Uhr aufgebrochen waren.

Während ich mit dem Alten plaudere, kommt ein Auto, das Suppe, Brötchen, Glühwein sowie Unruhe mit sich bringt, die nicht dazu beiträgt, meine schlechte Laune zu verbessern.

»Setzen Sie sich doch an das Gatter hinter die Autos, dort saß im letzten Jahr schon mal jemand, der zu spät kam«, ermuntert mich der Holzhauer. Missmutig schlendere ich zu der besagten Stelle, was blieb mir auch sonst übrig?

200 Meter entfernt vom Sammelplatz setze ich mich auf einen dicken Baumstumpf. Von meinem Auto trennen mich höchstens 100 Gänge und von dem Kulturzaun 50.

Um mich herum fallen Schüsse. »Nach deren Anzahl zu urteilen, müsste mittags eine gute Strecke am Feuer liegen«, denke ich grimmig, da ich mich durch eigenes törichtes Verschulden im wahrsten Sinne des Wortes nur am Rande an dieser Jagd beteiligen kann.

Nun sitze ich hier, einsam und allein gelassen, vom Vergnügen der Jagd ausgeschlossen.

Zehn Minuten mag ich mit mir und meinem Schicksal gehadert haben, ganz in der Nähe hat es mehrmals geknallt, als meine Blicke gelangweilt am Drahtzaun entlangwandern. Und dort steht plötzlich eine Sau, ein Keiler ist es, der wie aus dem Nichts kommend aufgetaucht war. Auch ohne Glas erkenne ich die aus dem Gebrech ragenden Gewehre: »Marlborough-Sau«, schießt es mir durch den Sinn, so bezeichnet mein Freund Paul Nauth Keiler, bei denen die Gewehre, lang wie Zigaretten, aus dem Wurf leuchten. Ein Keiler, so stark, wie ich ihn in Deutschland vorher nie gesehen habe! Gemächlich zieht der Basse am Gatter entlang auf mich zu. Als ich meine Büchse an der Backe habe und der Schuss bricht, ist er nur noch 30 Meter entfernt.

»Ende gut, alles gut«, heißt es in einem Sprichwort. War es »Glück im Unglück« oder einfach nur »Saudusel«?

Ich werde wohl nicht noch einmal unter diesen Vorzeichen und so einfach ein so starkes Schwein schießen, aber auf jeden Fall wurde meine Unpünktlichkeit belohnt.

»L'exactitude est la politesse des rois« (Ludwig XVIII.)
Pünktlichkeit ist die Höflichkeit der Könige

Ist von Pünktlichkeit die Rede, kommt mir stante pede eine lange zurückliegende Begegnung in der Ukraine in den Sinn. Dort wurde ich vor vielen Jahren als besonders wichtige Persönlichkeit aus Deutschland angekündigt. Man hatte mir den besten Jagdführer weit und breit, der jedes Tier im Wald kennt und genau weiß, wann es wo austritt, zugeteilt, übersetzte der Dolmetscher, bevor ich mit meinem vollbärtigen Begleiter, einem Hünen von Mensch mit großen braunen, gutmütig dreinschauenden Augen, in den klapprigen Geländewagen stieg.

Die Hitze ist anstrengend. Schweißtropfen stehen uns auf der Stirn, rollen uns in die Augen, brennen und fließen als dicke Tränen weiter das Gesicht hinunter. Dazu umschwirren uns Schwärme von Moskitos, machen unseren Gang, nachdem wir in einer schier undurchdringlichen Schilfwildnis den Wagen abgestellt haben, zu einem beschwerlichen Marsch und nicht, wie angekündigt, zu einer erholsamen Pirsch nach kräftezehrender Anfahrt. Mein schweigsamer Fahrer hatte nämlich vorher auf sein Gefährt und mich nicht die geringste Rücksicht genommen. Mit Vollgas hatte er sein Fahrzeug durch tiefe Schlaglöcher und über umgefallene Baumstämme gequält. Ich war während der sausenden Fahrt von einer Ecke in die andere geflogen und konnte mein Gewehr und mich nur schwer vor größeren Blessuren bewahren.

Als ich aus dem Wagen steige, ist der Mann verschwunden, einfach in das hohe Schilf am Wegesrand gefallen. Erst als ich um das Auto herumgehe, ihn dort liegen sehe und rüttele, rappelt er sich mühsam wieder auf. Mir wird schlagartig klar, dass kein normaler Mensch so Auto fahren kann, und mit kaltem Schauder denke ich an die drei Flaschen Wodka, von denen ich höchstens eine halbe getrunken hatte, der Rest war in Windeseile in der riesigen Kehle meines Führers verschwunden. Ich realisiere, der Mann hat, gelinde ausgedrückt, einen gewaltigen Schwips! Mühsam Kurs haltend, torkelt er vor mir her. Dicke schwarze Bremsen bedecken sein feuchtes Gesicht. Sie scheinen ihn nicht zu stören, ja, er scheint sie gar nicht zu bemerken.

Nach einem halbstündigen, wortlosen Marsch erreichen wir ein gemähtes Luzernefeld, und mein bis dahin schweigsamer Begleiter wird mit einem Mal gesprächig. Gestikulierend zeigt er auf seine verbeulte Taschenuhr und versucht mir etwas zu erklären, wobei er immer wieder, nur so viel verstehe ich, auf 21.00 Uhr zeigt. Mein Schulterzucken, um mein Nichtverstehen zu dokumentieren, quittiert er mit wortreichen, unverständlichen Bewegungen, zeigt noch einmal auf 9.00 Uhr und empfiehlt sich. Ich bin allein mit Tausenden von Gelsen.

Es ist 17.30 Uhr. Mühsam quält sich die Zeit dahin. Statt eines erwarteten Rehbocks erscheint ein Pferdefuhrwerk. Mein Gruß in deutscher Sprache wird von dem Kutscher fröhlich, aber unverständlich erwidert. Eine Viertelstunde später rumpelt ein zweites Fuhrwerk auf dem steinharten Lössboden vorüber, und genervt pirsche ich zurück zum Auto. Es steht noch genau dort, wo ich es verlassen habe. Und in seinem Schatten schnarcht mit hochrotem Kopf, von Mücken übersät, der beste Jagdführer der Ukraine, der seine Wildbestände besser kennt als jeder andere und der genau weiß, wann und wo jedes einzelne Stück austritt.

Nach kurzem Überlegen stoße ich den Mann zaghaft an. Als er keine Reaktion zeigt, zerre ich an seinem starken Arm, bis er die Augen aufschlägt und erstaunt in die Runde schaut. Dann springt er auf und kramt seine Uhr hervor. Ein Blick darauf, und nun ist er es, der meinen Arm ergreift und mich unter unverständlichem Gemurmel und Kopfschütteln gewaltsam wieder zu der Stelle führt, an der ich noch vor Kurzem über zwei Stunden ausgeharrt habe.

Von Neuem zeigt er unter ausladenden Gesten und mit wortreichen Erklärungen immer wieder auf seine Uhr. »Zur neunten Stunde« ist alles, was ich begreife. Jedenfalls stehe ich nun wieder allein mit unzähligen Mücken und Fliegen am Feldrand im Schatten einer Robinie und hadere mit meinem Schicksal. Die Zeit schleicht zäh dahin. Das dritte Fuhrwerk an diesem Abend rollt vorbei. Als Pferd und Wagen meinen Blicken entschwunden sind, ist es bereits 20.45 Uhr. »Eine Viertelstunde noch«, denke ich, »dann hat dieses nutzlose Unternehmen ein Ende.«

Plötzlich bricht es im Unterholz. Ich vernehme anwechselndes Wild, und kurz danach verhofft am Wegesrand ein Bock mit einem kapitalen

Rehbock im lichten Frühlingsgrün.

Abenteuer Entenstrich an der Örtze – ein Stockerpel fällt ein.

Ein Einzelgänger, oder folgt die Rotte hinterher?

Im Reich des roten Freibeuters – ein Rotfuchs auf Nahrungssuche.

Gehörn. Das heißt, eher umgekehrt: Mein erster Eindruck ist der eines kapitalen Gehörns mit einem Bock daran.
Behutsam ziehe ich den Schaft des Stutzens vor die Schulter. Als das Absehen auf das Blatt zeigt, zerstört ein lauter Knall die idyllische Stille. Der Bock bricht im Feuer zusammen. Kaum habe ich repetiert, will ich zu ihm eilen, da erscheint der beste Jagdführer von allen. Wie ich strahlt er über beide Ohren. Bevor er mir mit seinen Riesenpranken die Hände fast zerquetscht, kramt er wieder umständlich seine Uhr aus der Tasche, und das Palaver, das ich bereits zweimal über mich ergehen lassen musste, beginnt erneut. Es ist 21.10 Uhr. Mit dem gekrümmten Zeigefinger zeigt Ivan auf seine alte Uhr, und diesmal verstehe ich ihn: »Siehst du, wie ich gesagt habe. Punkt neun ist der Kapitale ausgetreten, und du hast geschossen.«

Aale püddern

Auch die Angelei verband uns drei Brüder. Nächtelang saßen wir auf den Viehweiden an der Örtze, dem kleinen Fluss, der durch das elterliche Revier fließt, und pödderten. Pöddern, eine alte Methode, um Aale zu fangen, ist seit vielen Jahren verboten. Auf einen Faden wurden dicke Tauwürmer gezogen, bis ein ungefähr faustgroßes Knäuel entstand, das an einer Leine ins Wasser gelassen wurde. Etwa jede Viertelstunde wurden die Würmer hochgezogen, und meistens hatten sich einige Aale an dem Knäuel »festgesaugt«. Sie wurden abgenommen, und der Köderklumpen wurde erneut versenkt. Die Fische räucherten wir vor Ort in einem aus Feldsteinen und dem Betonrohr eines Grabendurchlasses gebauten Räucherofen und verbrachten viele Nächte am Fluss, begleitet vom Quaken der zahlreichen Frösche, von dem Gesang der Unken, dem Lied der Nachtigallen und den Rufen der Käuze.
Würmer holten wir mit Strom aus der Erde. Das Ende eines Drahtes wurde in eine Steckdose gesteckt, das andere an einer Eisenstange befestigt, die wir auf dem Rasen tief in die Erde rammten. Um die Stange herum schütteten wir Wasser auf den Boden, damit die Erde die Elektrizität besser leiten konnte. Durch die Stromschläge aufgeschreckt, krochen die Würmer flink nach oben, wo wir sie nur einzusammeln brauchten. Zwar haben wir durch Unvorsichtigkeit oft schmerzliche Stromschläge erhalten, erstaunlicherweise aber nie ernste Verletzungen davongetragen.
Meine geliebte Örtze ist heute Tummelplatz lärmender Kanu- und Faltbootfahrer. Die Menschen haben leider vielfach verlernt, ehrfürchtig still zu sein. Die Ruhe ist dahin - und mit ihr Eisvogel, Wasseramsel, Rohrsänger und Co.

Ich bin doch keine Ente!

Mein ältester Bruder war begeisterter Ornithologe und Angler, mein zweiter engagierter Reiter. Am meisten verbunden hat uns drei Brüder jedoch eine unbändige Jagdpassion. Kamen wir in den Schulferien aus dem Internat nach Hause, verbrachten wir die Tage mit dem »Stokeln« (Jagen in kleinem Kreis) von Hasen und Kaninchen, stellten Tauben auf den Feldern und Enten an der Örtze nach.

Als ich, als Jüngster von vier Geschwistern, wir waren drei Brüder und eine Schwester, noch ein Luftgewehr hatte, durfte mein älterer Bruder bereits ein Flobert Tesching mit Rundkugeln führen. Die richtige Waffe, um jagdbares Flugwild zu erlegen, so hofften wir. Mit unserem längst in die Jahre gekommenen Holzkahn ließen wir uns den Fluss stromabwärts treiben, bis zu einer Schilfpartie, in der häufig Enten steckten. Wie wir uns dem Schilf näherten, erblickte ich tatsächlich mehrere Stockenten zwischen dem dichten Halmengewirr. Außer mir vor Jagdfieber sprang ich auf, um meinen Bruder auf die Breitschnäbel aufmerksam zu machen. Mein Hintermann hatte sie aber längst vor mir wahrgenommen. Er hatte sich bereits erhoben, einen Erpel anvisiert, der Kahn begann bedenklich zu schwanken, und er drückte unglückseligerweise in genau dem Moment ab, als mein Kopf in der Visierlinie erschien. Der neun Millimeter große Bleibatzen verließ den Lauf und landete in meiner Schädeldecke. Ich bemerkte es vor Begeisterung über die so nahe Jagdbeute erst, als mir Blut in den Nacken sprudelte und meine Knie schwach wurden. Mein Bruder fing mich geistesgegenwärtig auf, ruderte an Land, und wir stolperten fest umschlungen nach Hause.

Unsere leidgeprüfte Landärztin, Doktor von Borcke, »Frau Immerda«, war bald zur Stelle und flickte die Kopfhaut wieder zusammen. Der Schrecken war bei allen Beteiligten so groß, dass ganz vergessen wurde, das befürchtete Jagdverbot auszusprechen. Wäre die Kugel zwei Zentimeter tiefer in meinen Kopf eingedrungen, hätte ich diese Zeilen nicht mehr schreiben können.

Wer so schießt, sündigt

Nicht das Gewehr, ob gesichert oder nicht, ist gefährlich, sondern der Mensch, der die Waffe bedient - dies wurde mir schon als Junge eingetrichtert.

Unter meinen alten Tanten kursierte hinter vorgehaltener Hand und nur im Flüsterton vorgetragen, dass der Bruder meiner Mutter, Oberförster Margull, das Holzgewehr seines Sohnes auf dessen Rücken in Teile zerschlagen habe, weil der Sprössling wiederholt mit der

Spielzeugwaffe auf Freunde gezielt hatte. Eine drakonische, aber wirksame Strafe.

Auch ich habe von klein auf gelernt, mein Spielzeuggewehr immer so zu behandeln, als sei es geladen, und mich nie auf eine Sicherung zu verlassen. Verhielt ich mich nicht entsprechend, gab es Prügel oder, viel schlimmer, Jagdverbot.

Bedenklich ist, sich auf eine Sicherung zu verlassen. Eine Waffe ist weder mit noch ohne Sicherung gefährlich, solange man fachgerecht mit ihr umgeht.

Schiebesicherungen werden mitunter gefährlicher eingestuft als Flügelsicherungen. Das ist insofern relativ, denn wird eine Waffe stets vorschriftsmäßig geführt, das heißt, wird die Mündung niemals auf Menschen gerichtet und wird die Waffe vor dem Überwinden von Hindernissen, beim Hinaufsteigen auf den Hochsitz bzw. beim Hinabsteigen, beim Besteigen eines Fahrzeugs, Betreten eines Raumes etc. ausnahmslos entladen, spielt es keine entscheidende Rolle, wie sie gesichert ist, dann gäbe es auch kaum Unfälle mit Schusswaffen.

Auch Stecher sind durchaus ein Sicherheitsrisiko. »Könnte ich entscheiden, würde ich Stecher verbieten«, tat mir gegenüber einmal ein Jagdgast kund, »sie sind das Gefährlichste und Nutzloseste, was sich die Waffenindustrie je hat einfallen lassen.«

Ich sah daraufhin meinen alten Stutzen in einem ganz anderen Licht.

Mein Großonkel hat ihn ein ganzes Jägerleben lang geführt, ich bin ebenfalls mit Schussleistung sowie Stecher zufrieden und möchte ihn mit keiner anderen Waffe tauschen.

Ob Deutscher Stecher oder Französischer Stecher, sie sind keinesfalls für disziplinlose oder leichtfertige Jäger geschaffen, in deren Händen ist jedoch ohnehin jede Waffe eine Gefahr für die Umwelt.

Mein Vater war im Krieg gefallen. Meine Mutter heiratete viel später einen pensionierten Offizier. Er war ebenfalls passionierter Jäger und entschuldigte so manche von uns zerschossene Fensterscheibe und Dachrinne, denn schießen taten wir oft und gerne. In einer abgelegenen Kieskuhle hatten wir einen primitiven Tontaubenstand, auf dem wir fleißig übten.

Als erste »größere« Waffe bekam mein Bruder eine einläufige 16er-Hahnflinte russischer Bauart mit Ejektor.

Mit einer einläufigen Flinte wird man, im Gegensatz zu Doppelflinten oder Automaten, zum überlegteren Schießen erzogen. Die verleiten dazu, den ersten Schuss nicht so konzentriert abzugeben und sich auf den zweiten Lauf zu verlassen. Wir setzten all unseren Ehrgeiz darein, mit der Flinte Dubletten zu schießen. Meinem Bruder gelang es mehrfach. Die Wurftaubenmaschine wurde mit zwei Tauben »geladen«, und bevor die zweite Scheibe niederging, hatte mein Bruder längst die Waffe geöffnet, eine im Mund deponierte Schrotpatrone in den Lauf gesteckt und auch diese Taube getroffen.

Von den Leistungen des Marquess of Ripon, wohl eines der besten Flugwildschützen aller Zeiten, der bis zu seinem Tode im Jahr 1923 556.813 Vögel geschossen hatte, waren wir aber weit entfernt. Mit drei Hahnflinten und zwei Ladern schoss er in Sandringham 28 Fasanen in einer Minute. Ich habe auf großen Flugwildjagden mehrfach über 100 Vögel an einem Tag geschossen, später aber an diesen exklusiven »Schießevents« nicht mehr teilgenommen - heute lehne ich das Schießen auf lebende Zielscheiben ab.

Den Umgang mit der Flinte lernte ich in der Praxis im Revier. Ich musste über jede verschossene Schrotpatrone Rechenschaft ablegen und durfte jeweils nur einen Lauf laden, was ungeheure Erziehungseffekte hatte.

Seit vielen Jahren sorgt der Schießnachweis bei Jägern wie Jagdgegnern für Diskussionsstoff, einige Jäger glauben sogar, regelmäßige Schießstandbesuche seien unnötig. Für mich unverständlich, dass sich manche dagegen sträuben. Wenn auf Ansitzdrückjagden ein Verhältnis von drei oder vier Schüssen pro erlegtes Stück Wild klaglos akzeptiert wird, ist etwas faul im Staat der grünen Gilde.

Es gibt talentierte und weniger talentierte Schützen. Manchen liegt der Büchsenschuss mehr als der mit der Flinte, einer schießt lieber auf stehende, der andere auf flüchtige Ziele. Für jeden aber gilt: Schießen ist Handwerk, jedes Handwerk kann und muss man erlernen, und Übung macht den Meister. Es wird durch Schießstände, Schießschulen, Schießkinos, Schießkurse sowie Schießlehrer erleichtert.

Daher bemühe ich mich, einmal im Monat auf dem Schießstand auf leblose Scheiben und Tontauben zu schießen, der beste Schießlehrer ist eine große Kiste voll Munition. Ich bin es auch dem Wild, den Hunden und den Jagdherren, die mich einladen, schuldig.

Wenn Jagdgäste ins Camp kamen, bat ich sie stets, einen Probeschuss abzugeben - eigentlich eine Selbstverständlichkeit. Ich wurde dabei jedoch oftmals mit den abenteuerlichsten Ausreden konfrontiert, die die Jagdgäste ersannen, um sich davor zu drücken. »Ein Probeschuss erübrigt sich. Ich habe den Chauffeur gebeten, die Waffe auf dem Rückweg vom Büchsenmacher auf dem Schießstand zu testen. Alle Schüsse lagen im Schwarzen!« oder ähnliche Ausflüchte musste ich mir des Öfteren anhören.

Berühmte Namen - Schall und Rauch

Was unmodern ist, taugt nichts. »Das ist doch ein völlig unmodernes Kaliber. Ich wusste gar nicht, dass man dafür noch Patronen bekommt.« Mit solchen und ähnlichen Meinungen bin ich vielfach konfrontiert worden. Dass ich mit meiner geerbten Büchse im Kaliber 8×57 IS mehrere Tausend Stück Wild geschossen habe, mein Onkel, der sie vorher führte, gewiss fast ebenso viele, klingt für die heutige Generation unglaubwürdig. Meine Gewehre haben allesamt Gebrauchsspuren, allerdings nicht in jener Art und Weise wie der Drilling eines alten Jagdfreundes. Der hatte ihn nach dem Zweiten Weltkrieg, aus Furcht, diesen den Alliierten abliefern zu müssen, vergraben. Einige Kameraden behaupteten, die tiefen Rostnarben stammten bereits aus dem Ersten Weltkrieg.

Auf den zerkratzten Schaft und die unzähligen Macken angesprochen, entschuldigte der Freund den Zustand seines Gewehres: »Es ist mir kürzlich vom Hochsitz gefallen«, worauf mein Sohn fragte: »Und wie oft?«

Als ich unlängst Gelegenheit hatte, eine reale sagenhafte Waffe in die Hand zu nehmen, es war die Büchse von Jim Corbett, dem legendären Großwildjäger, der in Indien damit unter anderem 23 menschenfressende Tiger erlegt hatte, wunderte ich mich, dass die Menschen meiner Generation und auch die meiner Kinder nicht Schlange standen.

Zu Jagdgewehren mit »Geschichte« hatte ich immer eine besondere Beziehung. Nachdem ich längst meinen ersten Jagdschein gelöst hatte, ging ich noch oft in Waffengeschäfte, tat, als suchte ich ein besonderes Gewehr, ließ mir wunderschöne Stücke zeigen, prüfte deren Anschlag und streichelte die glänzenden Schäfte liebevoll. Als meine Kinder älter wurden, tat ich mit ihnen das Gleiche. Ich erinnere mich, dass sie stets, wenn sie eine Waffe in die Hand nahmen, den Verschluss öffnen mussten, um sicherzugehen, dass sie nicht geladen war. Der Ausspruch des Verkäufers eines großen deutschen Jagdausrüsters machte mich damals ärgerlich. Er sagte zu meinem Sohn: »Du brauchst die Flinte nicht jedes Mal zu öffnen, bei mir sind alle Gewehre ungeladen.«

Jägerlatein

Einmal gingen meine Brüder und ich in einer Reihe im Abstand von etwa 30 Metern über eine Brachfläche. Da bemerkten wir knapp zehn Meter vor uns einen Hasen in der Sasse. In flottem Galopp erschien meine Kleine Münsterländerin, näherte sich mit dem Wind dem Krummen und preschte einen knappen Meter an ihm vorüber, ohne Notiz von ihm zu nehmen. Meister Lampe rührte sich nicht.

Wenig später erschien ein zweiter Hund, übersprang die Sasse und raste weiter. Mümmelmann zuckte kurz, drückte sich aber weiter.
Nun kam meine Hündin zurück. Sie hatte links von mir gesucht und war auf die Spur des Hasen gestoßen. Bevor sie ihn erreichte, trillerte ich sie in die Down-Lage. Sie lag nun zwei Meter von dem sich drückenden Mümmelmann entfernt auf dem Boden. Als ich zu ihr ging und sie anleinte, hielt der Hase auch das aus. Darauf beschlossen wir, ihn zu pardonieren, entfernten uns langsam und setzten unsere Suche fort.
An ein weiteres Erlebnis aus dieser Zeit mit einem sich drückenden und von uns pardonierten Hasen erinnere ich mich ebenfalls noch gut:
Während unserer gemeinsamen Streife stand ein Pointer meines Bruders neben einer kleinen Fichte vor. Als wir uns ihm näherten, stach er einen Hasen aus der Sasse, ich schoss vorbei.
Eine Woche später jagten wir wieder in diesem Gebiet. Der Hund stand an derselben Fichte erneut vor. Wieder rutschte ein Hase aus der Sasse. Dieses Mal wurde er von meinem Bruder gefehlt.
Unser Plan für den nächsten Sonnabend, es am selben Ort noch einmal zu versuchen, war gefasst. Gesagt, getan, tatsächlich, der Hund stand an der gleichen Stelle vor. Der Hase sprang das dritte Mal unter der Fichte heraus, flüchtete aber so geschickt, dass wir nicht schießen konnten.
14 Tage später zum vierten Mal die gleiche Situation an derselben Fichte. Dieses Mal pardonierten wir den standorttreuen Mümmelmann, ein Gebot der Fairness.

»Pointer steht vor!« – und das bereits im zarten Alter von sieben Wochen.

Gerne denke ich auch an eine Episode zurück, die sich auf ebendieser Fläche abspielte, als uns ein Freund meines Bruders begleitete.
Als wir in einer Front aufmerksam dahinzogen, unsere beiden Hunde gehorsam unter der Flinte suchten, ging vor meinem Bruder ein Kanin hoch. Bevor einer von uns reagieren konnte, sprang sein Weimaraner Caesar ein, erwischte das Hinterteil des Karnickels, doch der Lapuz konnte sich aus dem Fang des Hundes befreien und weiterflüchten. Da schoss mein Bruder. Das Kanin zuckte im Schuss zusammen und ging schwer krank ab. Caesar folgte ihm.
Unser Gast hatte gesehen, dass der Lapin angeschossen flüchtete, aber nicht beobachtet, was vorher geschehen war. Daher winkte mein Bruder ihn heran, und gemeinsam gingen wir zu der Sasse, wo Caesar das Kanin gegriffen hatte.
»Ich dachte es mir fast«, murmelte mein Bruder leise, »es ist das dritte Mal, dass ich so etwas erlebe.« Verständnislos schaute der Gast ihn an.
»Hier, die Blume«, meinte mein Bruder, hob die am Boden liegenden Überreste auf und zeigte sie unserem Freund. »Sie ist dem Rammler vor Schreck abgebrochen. Man liest darüber öfter in den Jagdzeitschriften, aber wie gesagt, ich erlebe es erst das dritte Mal, obwohl ich schon verdammt viele Kaninchen geschossen habe.«
Unser Gast wusste nicht, ob er lachen oder weinen sollte. Da kam der Hund mit dem verendeten Kanin im Fang zurück. Den grauen Flitzer zierte aber nur der Torso einer Blume, der Hauptteil war ja vorher Opfer von Caesars Fängen geworden. Mein Bruder nahm seinem Hund die Beute ab und besah sie sich kopfschüttelnd. Als er das Karnickel ohne Blume betrachtete, verlängerte sich die Physiognomie unseres Gastes um das Doppelte ihrer vorschriftsmäßigen Länge, und es platzte aus ihm heraus: »Also, wenn ich nicht dabei gewesen wäre und es mit eigenen Augen gesehen hätte, ich würde es für Jägerlatein halten!«

Wilddiebe fallen nicht vom Himmel

Ich verschlang Romane und »wahrheitsgetreue« Schilderungen über edle Förster und böse Wildschützen, sah mit Begeisterung Heimatfilme, las mehrere Male »Wilddieberei und Förstermorde« des legendären Busdorf und bedauerte, dass es in der Lüneburger Heide keine Wilddiebe gab. Zu gerne hätte ich es meinen Idolen, den todesmutigen Jägern und Forstbeamten, gleichgetan, einen verruchten Wildschützen auf frischer Tat zu ertappen und seiner gerechten Strafe zuzuführen.
Meine Fantasien wurden durch die Unterhaltungen der alten Jäger so beflügelt, dass ich die Begegnung mit einem Wilddieb regelrecht her-

Lapuz, Lapin, Künigl, Karnickel - das Wildkaninchen hat viele Namen auf der Jagd.

beiwünschte, und dann nahte endlich die Stunde, in der ich all meinen Mut und meine Entschlossenheit beweisen konnte. Es kam tatsächlich zu einer prekären Begegnung, in der ich mich in Lebensgefahr wähnte, aber eiskalt den Lump zu überführen versuchte. Es geschah während der Rehbrunft.

An dem besagten Wochenende wird im Nachbarort Eversen Schützenfest gefeiert, eine Veranstaltung, der die gesamte Bevölkerung seit einem Jahr entgegenfiebert, so auch ich.

Ich male mir aber auch aus, dass so ein feuchtfröhliches Zusammentreffen eine ideale Gelegenheit sei, sich ungestört im Wald zu bewegen, um zu wildern. Niemand würde einen Schuss hören, niemand Verdacht schöpfen, alles, was Beine hat, Bauern, Jäger, Forstbeamte, ist ja auf dem Tanzboden versammelt.

Unser Haumeister, weit über 60 Jahre alt und durch das Arbeiten mit der »neumodischen« Motorsäge - einen Gehörschutz zu tragen ist unter seiner Würde - ziemlich taub, hat am Tag zuvor einen Schuss an den Holzförsterwiesen gehört, und für mich steht fest: Hier muss ich eingreifen!

Ich verzichte auf die verlockenden Runden Freibier und pirsche am frühen Nachmittag zu den »Holzförsterwiesen«. Mit gutem Wind von der schützenden Dickung her setze ich mich an den bemoosten Fuß einer dicken Erle und warte auf den Unhold, der tags zuvor hier geschossen haben soll.

Jenseits meines Sitzplatzes zieht sich ein verwachsener Schlag entlang, überwuchert von Himbeerranken und Brombeerdornen, die die durchziehenden Gräben füllen. Hieran schließt sich hoher Fichtenbestand.

Noch döse ich verträumt vor mich hin. Die tiefe Ruhe wirkt einschläfernd. Manchmal trägt ein Windstoß verschwommen verlockende, ferne Musiktöne vom Schützenfest herüber, Klänge der Blaskapelle und Karussellorgeln, dann ist es still.

Ich mustere meine Umgebung, erwäge für den Ernstfall Schussmöglichkeiten nach unterschiedlichen Richtungen und in diverse Entfernungen und male mir aus, was geschähe, wenn ein Mann mit rußgeschwärztem Gesicht aus dem dichten Beerengerank treten würde. Da bleiben meine Blicke auch schon an einem hellen runden Fleck im Gestrüpp auf der gegenüberliegenden Seite der Wiese hängen. Vor Aufregung schießt mir das Blut in den Kopf, mein Puls klopft ungestüm bis in die Schläfen.

Die Decke eines Rehs ist anders gefärbt als das Gesicht eines Wilddiebes, schießt es mir durch den Sinn. Durch das Fernglas versuche ich, das Gewirr der Sträucher zu durchdringen, sehe aber nicht mehr und nicht weniger als den unbeweglichen rötlich braunen Fleck, vermutlich die Fratze des Bösewichtes, durchschimmern.

Er passt dort nicht hin, ist fremd in der Umgebung, und auf einmal lauert er nicht mehr über dem Holunderstrauch, ist nach rechts gewandert, verbirgt sich hinter einer großen weißen Dolde. Der Kerl hat mich wahrscheinlich entdeckt und will sich davonstehlen.

Soll ich mit angeschlagenem Gewehr über die freie Fläche auf den Mann losstürzen? In Gedanken male ich mir aus, was ich rufen werde: »Hände hoch, Sie sind umzingelt, ergeben Sie sich!« Aber dann zwinge ich mich

Dräuend zieht sich ein Unwetter über den sommerlichen »Holzförsterwiesen« zusammen.

zur Ruhe. Was mache ich, wenn der Kerl einen Komplizen hat, der in der Nähe lauert?

Immer wieder starre ich dorthin, reiße dann aber meine Blicke los und leuchte den Waldrand ab, ob ich den anderen Schurken entdecke. Die beiden können mich doch nicht bemerkt haben?!

»Eiskalt« überlege ich, was in dieser gefährlichen Situation zu tun sei. Währenddessen beobachte ich mein unheimliches Gegenüber. Plötzlich erhebt sich der Kopf, geht aber sofort wieder in Deckung. Durchs Fernglas erkenne ich, wie er sich langsam nach rechts, dann nach oben schiebt und urplötzlich im dichten Grün verschwindet. Kaum ist er aus meinem Blick, taucht er verstohlen einen Meter weiter links wieder auf, fährt aber mit einem Ruck wieder zurück in die Deckung.

Mir wird es ungemütlich. Hat mich der Kerl bemerkt? Ich umfasse den Pistolengriff meiner Büchse fester. Mit einem kleinen Sprung verschiebt sich das Gesicht nach rechts. Will er fliehen? Wird er ins Hochholz rennen oder versuchen, durch den fast undurchdringlichen Bewuchs aus Beeren und Dornen zu flüchten?

Es wird mir immer mulmiger zumute, andererseits beflügelt es meine Entschlusskraft und meinen Mut, höchste Zeit zum Handeln, bevor mir der Mann durch die Lappen geht.

Kurz entschlossen schnelle ich vom Erdboden hoch, springe mit schussbereiter Büchse über die Wiese auf den Unhold zu und brülle: »Halt, Hände hoch!« Zum Flüchten ist es zu spät, trotzdem versucht der Kerl, in kurzen Hopsern geduckt zu entkommen. Noch sehe ich nur seinen roten Kopf über dem Pflanzengewirr, aber ich bin schneller als er, nähere mich ihm mit Riesensprüngen.

Dabei schreie ich todesmutig, immer darauf gefasst, mich sofort auf den Boden zu werfen, sollte der Mann Gebrauch von seiner Schusswaffe machen, noch einmal: »Bleiben Sie stehen, Hände hoch!« und stehe dann – vor einem roten Luftballon, der vom Schützenfest in den Wald herübergeweht worden war und im Abendwind müde zwischen den Sträuchern hin und her taumelt, mit einem dünnen Faden sich hier und dort festhakend und wieder losreißend.

Es dauert einige Augenblicke, ehe sich meine Erregung legt, und dann folgt die zweite Ernüchterung: An dem Faden ist ein Zettel befestigt, auf dem in kindlicher Handschrift steht: »Ballonwettbewerb. Der Finder dieses Luftballons wird gebeten, den Zettel zurückzusenden an ...«, es folgt die Adresse der Tochter unseres Haumeisters.

Ich habe das Papier ausgefüllt und zurückgesandt, aber nicht erwähnt, dass ich es »unter Lebensgefahr erbeutete«.

JAGEN MIT MEINEN KINDERN – EIN KAPITEL FÜR SICH

Wenn der Vater mit dem Sohne …
oder: Auf Taubenjagd mit meiner Tochter

Passionsgeschichte derer von Harling

Meine Kinder sind durch einen langen Stammbaum vorbelastet, auf dem schwerlich ein männliches Familienmitglied zu finden ist, das nicht Land- oder Forstwirt, zumindest Jäger war.
Mein Sohn Moritz folgte der alten Familientradition und studierte Forstwissenschaften. Allerdings nennt er sich nicht wie seine Vorfahren »Forstmeister«, diese schöne alte Bezeichnung ist in der Beamtenwelt verschwunden, sondern Dipl.-Forstwirt. In Göttingen war er bei der »Tanne«, einer der traditionsreichen forstakademischen Studentenverbindungen aus Hannoversch Münden, aktiv. Wäre er zur ATG, der Andree'schen Tischgesellschaft, einer ebenfalls alten forstakademischen Studentenverbindung, gegangen, bei der viele meiner Vorfahren Mitglied waren, wäre er immerhin Harling VII. gewesen. Enttäuscht war ich, als einigen Füchsen anlässlich einer Einladung zur Bockjagd von einem Alten Herrn, einem Forstamtsleiter, Anfang Mai auf die Frage nach der Freigabe eröffnet wurde: »Alles, was Hörner hat!«
Auch über die jagdliche Erziehung im Studium durch einige Professoren war ich nicht glücklich. In Erinnerung habe ich den Rat eines Professors: »Das einzige wirksame Mittel gegen Rotwild ist die .30.06« und »Das einzige gute Reh ist ein totes Reh«

Wenn der Vater mit dem Sohne ...

Manche Böcke vereinen alle Lehrbuchweisheiten über das Lebensalter in sich, man kann schon bei der ersten Begegnung sagen, wie alt sie sind. Bei anderen tut man sich dagegen schwer.
Nächtelange Diskussionen mit meinem passionierten Sohn vor seiner Jägerprüfung sollten mich davon überzeugen, dass ich herzlich wenig Ahnung vom Ansprechen des Rehwildes habe, die Altersbestimmung vielmehr denkbar einfach sei.
Im Vorbereitungskurs auf die Prüfung ging es um falsche und richtige Böcke. Meine Einwände, das vermittelte Wissen entbehre jeglicher

wissenschaftlichen Grundlage, sei nach meinen Erfahrungen Nonsens, wurden von meinem Herrn Sohn mitleidig belächelt. Was die Altersansprache des Rehwildes betreffe, seien meine Kenntnisse antiquiert, glaubte er.

Ein Sechser - besser ein ungleich verecktes Sechserchen - war es, der mir Kopfzerbrechen bereitete. Mehrfach beobachtete ich den Bock auf dem großen Wildacker. Stets nur kurz, zu kurz, um ihn genau anzusprechen. Einmal erschien er jung, ein anderes Mal war ich sicher, einen »Geheimrat« vor mir zu haben. Dann hatte ich Muße, ihn mit dem Spektiv zu beobachten, und er kam mir wieder sehr alt vor.

Otto von Bismarck, sein Name wurde in meinem Elternhaus nur ungern erwähnt, mein Großvater war strammer Anhänger des Welfenhauses, schrieb ihn stets ohne »c« und argumentierte, diesen Namen müsse man sich nicht merken, ebendieser Bismarck soll gesagt haben: »Der einzige Augenblick in meinem Leben, in dem ich wirklich glücklich gewesen bin, war, als ich meinen ersten Hasen erlegte.« Das kann ich nachempfinden. Als mein erster Bock lag, ein jämmerlicher Knopfer, ging es mir ähnlich. Ich fühlte mich endlich erwachsen, endlich als vollwertiger Jäger. Und nun durfte ich mit meinem Sohn ins Revier, damit auch er seinen ersten Rehbock schießen würde.

Moritz kann es kaum erwarten, und so stapfen wir denn los: ein junger, vor Passion und Ungeduld strotzender und ein älterer, abgeklärter Jäger. Den Schäferdamm entlang pirschen wir, der Sohn seinem Begleiter unsicher immer wieder von der Seite einen Blick zuwerfend, der Vater routiniert, wohlwollend, hin und wieder seinen hoffnungsvollen Sprössling unauffällig musternd.

Am alten Wildacker kriechen wir in ein Gebüsch, das gute Deckung und genügend Blickfeld bietet. Der Wind steht günstig.

Ein fragender Blick meines Sohnes - erst zur Kanzel, dann zu mir -, und ich schüttele den Kopf. »Vom Hochsitz aus zu schießen überlassen wir den Alten«, flüstere ich. Unverständnis spricht aus der Reaktion des Jungjägers.

Mir kommen mit einem Mal die fast unwirklich scheinenden Nächte in einem Iglu in den Sinn, in dem mein Freund Michael und ich vor Jahren nach einer Gänsejagd an der Hudson Bay wegen der ungünstigen Wetterverhältnisse festgehalten waren. Das Buschflugzeug konnte uns nicht wie geplant abholen. Drei Tage verbrachten wir mit Inuits auf engstem Raum und verkürzten uns die Zeit mit Erzählen von Anekdoten. »Wie jagt ihr in Deutschland?«, fragte mich damals der Chef der Eskimos. Ich berichtete von Abschussplänen, die vorschreiben, wie viel Wild man schießen darf und wie stark es zu sein hat, erzählte von Revieren, die 100 oder 200 Hektar groß sind, von Kanzeln, Wildäckern, geharkten Pirschsteigen, bis ich unterbrochen wurde. »Nun gut, das ist Wildmanagement, aber was macht ihr, wenn ihr jagen wollt?« Die Frage hatte mich beschämt. Wenn ich heute, gewissermaßen von der Natur isoliert, auf einer Kanzel sitze, denke ich oft an den Ausspruch dieses Inuks.

Mein Sohn stupst mich behutsam an und reißt mich aus meinen Gedanken. Ein Igel marschiert schnaufend ein paar Meter entfernt an uns vorbei.

Wenige Meter weiter bewegen sich Dornenzweige, dann hüpft eine Mönchsgrasmücke so nahe heran, dass man sie hätte greifen können.

Kurz darauf beobachten wir zwei bunt schillernde Käfer, und als die Dämmerung hereinbricht, jagen sich zwei Mäuse fast über unsere Stiefelspitzen. Beobachtungen, die uns in einer Kanzel entgangen wären.

Als es dunkel ist, ziehen wir zufrieden heimwärts, freuen uns an den Glühwürmchen und dem Ruf des Kauzes, während die fast volle Scheibe des Erdtrabanten - Schweinesonne nennen manche den Mond - hinter den Kiefern aufsteigt und die Nacht fast zum Tage macht.

Am nächsten Morgen sitzen wir vor Tagesanbruch wieder in dem Gestrüpp, genießen den stimmungsvollen Sonnenaufgang und das anschwellende Konzert der Vögel. Ja, und dann erhalte ich einen gewaltigen Stoß in die Seite. Auf 70, 80 Gänge zieht ein Bock auf den Wildacker.

Die Morgen- und Abenddämmerung ist die schönste Zeit für die Jagd.

Ein herrliches Bild: das von der aufgehenden Sonne beschienene, rot leuchtende Reh im frischen Grün zwischen glitzernden Tautropfen und mit dem dunklen Kiefernwald als stimmungsvollem Hintergrund. Dazu zahllose Vögel, die allesamt auf ihre Art den anbrechenden Tag begrüßen. Ich brauche kein Glas, um ihn als alt anzusprechen, zumal ich auch ungleich vereckte Sechserstangen erkenne.
Ein fragender, auffordernder Blick des jungen Jägers, Kopfnicken, dann auch Kopfnicken meinerseits. Wir sind uns einig, vor uns steht der erhoffte Alte. Behutsam geht die Büchse in Anschlag.
Aus den Augenwinkeln bemerke ich, wie mein Sohn vom Jagdfieber geschüttelt wird. Die Gewehrmündung wackelt wie Espenlaub.
»Wenn er breit steht, schieß!«, flüstere ich und konzentriere mich auf das Reh.
Durch das Fernglas erkenne ich fast jede Einzelheit des Gehörns, den massigen Träger und den mürrischen Gesichtsausdruck.
Dabei wird meine Geduld auf eine harte Probe gestellt. Moritz zielt und zittert, setzt die Waffe ab, atmet tief durch, legt wieder an, starrt angestrengt durch das Zielfernrohr, zittert und zielt, holt hörbar tief Luft, atmet schnaufend aus, versucht sich zur Ruhe zu zwingen, ohne Erfolg. Das Jagdfieber macht ihm einen bebenden Strich durch die Rechnung. Als der Schuss bricht, sichert der Bock in unsere Richtung, zieht weiter und trollt, als mein Filius sich bemüht, leise zu repetieren, zum Waldrand, wo er kurz verhofft - und dann verschwindet.
In gedrückter Stimmung machen wir uns auf den Heimweg.
Plötzlich sitzt mitten auf dem Weg ein Hase. Er wirkt überlebensgroß und mümmelt an einem riesigen Sauerampfer. Wenn er sich gemächlich vorwärtsbewegt - der Ausdruck »hoppeln« trifft hier gewiss nicht zu -, sieht das unbeholfen, schwerfällig aus. »Er hat viele, viele Feinde - alle, alle wollen ihn fressen«, zitiert mein Sohn, als wir Meister Lampe lange genug durch unsere Ferngläser bei der Morgentoilette zugeschaut haben. »Warum fällt dem jungen Jäger dies gerade jetzt ein?«, überlege ich und erkläre: »Es gibt in der Tierwelt keine Feindschaft, das Verfolgen eines Hasen durch Habicht, Marder oder Fuchs entspricht dem ewigen Naturgesetz des Fressens und Gefressenwerdens.«
Am Abend sitzen wir wegen des Windes am selben Wildacker unter einem riesigen Holunderbusch. Holuntar, »Baum der Holler«, nannten ihn unsere Vorfahren und hatten ihn Frau Holle geweiht. Üppig ranken sich Märchen und Sagen um diesen seltsamen Strauch, aus dessen Zweigen wir als Jungen Blasrohre oder Flöten bastelten und der in der Heilkunde seit uralten Zeiten einen hervorragenden Platz einnimmt.

Ein Hauch Geborgensein geht von seinem grünen, mit weißen Lichtern winkenden Blätterdach aus.
Wunderbar, wie die Abendröte die Landschaft verzaubert. Kleine Fliegenkreisen in Schwärmen über uns. In Tanzgruppen heben sie sich in die Höhe, als drehten sie sich um eine Spindel. Dann kommen alle wieder gleichzeitig herab, Hals über Kopf zitternd, ohne je aneinanderzustoßen. Ein herrliches Spiel. Unglaublich, dass Hunderttausende solcher Winzigkeiten so einen großartigen Lufttanz aufführen können, immer in derselben schmalen Säule, ohne einander zu berühren. Die kleinen Insekten schlagen Purzelbäume, eines aufwärts, eines abwärts. Eines hüpft beim Fliegen, ein anderes kreist wie im Tanz, und keines stört dabei das andere.
Ein Häher streicht lautlos auf uns zu, schwingt sich krächzend in jäher Wendung herum und wird vom Schutz der dichten Kiefernäste aufgenommen.
Dann arbeitet sich ein blauschwarz glänzender Mistkäfer umständlich durch das Laub zu unseren Füßen. Als es zu dämmern beginnt, gesellt sich am anderen Ende der Fläche, zu weit für einen sicheren Büchsenschuss, ein Reh zu der bereits ausgetretenen Ricke. Der Alte? Ankriechen wäre ein Wettlauf mit der aufkommenden Dunkelheit, und so betrachten wir den Bock durch unsere Gläser, bis es stockfinster ist und wir nach Hause schnüren, sicher, den alten Bock am kommenden Morgen zu erlegen. Doch mit des Geschickes Mächten ...
Dreimal harren wir noch an dem Wildacker, aber der Bock lässt sich nicht blicken. Moritz schießt schließlich einen anderen Bock.
Mehrere Male sitze ich dann allein am großen Wildacker, ohne Rehwild in Anblick zu bekommen. Erst im Sommer, als ich vom Frühansitz heimwärts ziehe, beobachte ich am Rand, von Gestrüpp verdeckt, ein Reh. Durchs Glas erkenne ich schließlich ein Gehörn, und dann besteht kein Zweifel, auch wenn ich nicht viel von ihm sehe, es ist der ominöse Sechser. Ob der Wind umgeschlagen ist oder küselt, weiß ich nicht, jedenfalls äugt der Bock starr zu mir herüber, und ich gehe in eine Down-Lage, vor der jeder Hundeführer Hochachtung gehabt hätte. Flach wie eine Flunder liege ich am Boden, warte auf den Augenblick, in dem das Haupt wieder in das Gestrüpp eintaucht.
Dann robbe ich los, spärlich gedeckt durch das morgendlich feuchte Gras. Als mich noch knapp 70 Gänge von dem Bock trennen, tritt er auf den Wildacker aus und steht breit wie eine Zielscheibe. Behutsam setze ich mich auf den Hosenboden und bringe die Büchse auf meinen Knien in Anschlag.

Nach dem Schuss ist der Bock verschwunden. Eine breite Spur im Gras zeigt aber den Weg, den er geflüchtet ist. Dieser letzte Weg ist betaut von dunklem Herzschweiß.
Eine Amsel schießt zeternd davon. Etwa 20 Gänge weiter entdecke ich den roten Bock zwischen braunem Farnkraut wie hingebettet auf einigen Trieben der wild wuchernden Brombeeren, die gierig versuchen, die von Menschen urbar gemachte Fläche für die Natur zurückzuerobern.
Fast alles hat planmäßig geklappt. Spannendes Entdecken, aufregendes Ankriechen, der Schuss gut, und ich hätte eigentlich zufrieden sein müssen. Stattdessen ärgere ich mich über meine Ansprechkünste. Vor mir liegt nämlich ein zweijähriger Bock. Sein jugendlich-buntes Gesicht und der schmale Träger lassen es auf den ersten Blick erkennen. Trotzdem werde ich meinem Grundsatz untreu und schärfe dem Bock den Äser auf, um die Zähne in Augenschein zu nehmen. »Postmortale Klugscheißerei« nannte dies unser im Pulverdampf ergrauter Wildmeister. Der Erlegte wird durch die Entstellung nicht älter. Grübelnd breche ich ihn auf, schultere ihn und stapfe heimwärts.
Zu Hause wird der »Kindermord« schweigend zur Kenntnis genommen.
Drei Wochen später erzählt mir mein Bruder am Telefon, dass er einen uralten Bock erlegt habe, ich den Falschen geschossen hätte.
Später, als er mir den gebleichten Schädel seines wohl über acht Jahre alten Bockes zeigt, den er am alten Wildacker erlegt hat, wird mir der doppelte Sinn seiner Worte klar. Das Gehörn sieht meinem zum Verwechseln ähnlich, es kann sich nur um Vater und Sohn handeln.

Damenwahl - Wein, Weib und Waidmannsheil

Meine Tochter Trixi, ausnehmend tierlieb, ist eine begeisterte Reiterin und begnadete Hundeführerin. Ihr größter Wunsch seit Kindesbeinen war ein eigener Jagdhund. Nachdem sie mit 15 den Jugendjagdschein gemacht hatte, führte sie innerhalb weniger Jahre zwei Kleiner-Münsterländer-Hündinnen erfolgreich bis zur VGP.
Sie heiratete einen Juristen. Als sie bei ihrer Verlobung von einer Tante gefragt wurde, ob ihr Zukünftiger denn auch Jäger sei, antwortete sie: »Sonst hätte Pappusch ihn doch gar nicht ins Haus gelassen!«
Mütterlicherseits stammt mein Schwiegersohn von einem großen Weingut, das war uns sehr willkommen. Da auch in seiner Familie in der Mehrzahl Jäger waren, musste ich mir keine Sorgen machen, ob meine aus dieser Beziehung hervorgehenden Enkel die Passion erben würden ...

Schwarzes Rehwild – ein besonderes Erbe.

Wie wachsam doch bereits die jungen Kitze sind!

Ein Jäger wird geboren

Mein ältester Enkelsohn, Claus Georg, wurde als erstes Enkelkind ziemlich verwöhnt, war sehr vorsichtig, fast ängstlich, und nicht übermäßig selbstständig. Zu meinem Verdruss war er auch beim Essen wählerisch, kurzum, nicht der wirkliche Traum eines Großvaters. Mich versöhnte, dass er immer gerne mit mir auf die Jagd gehen wollte, was ich aber lange Zeit ablehnte. Irgendwann ging es nicht anders, wir zogen los und bestiegen gemeinsam einen Hochsitz an einer Wildwiese. Meine Hündin lag unter der Leiter. Als es dämmerte, trat ein Kitz aus. Ich schoss, und es brach etwa 50 Meter vor uns zusammen. Nach der üblichen Wartezeit befahl ich dem Jungen kurz und bündig, er möge zu dem verendeten Stück gehen, ich würde in der Zwischenzeit das Auto holen. Unverständnis, dann war es Panik im Gesicht des Kleinen, aber ich blieb hart und beruhigte ihn, die Hündin würde ihn zum Anschuss führen. Auf längere Diskussionen ließ ich mich nicht ein, verschwand, stellte mich hinter einen dicken Baum und beobachtete, wie der Knirps zögerlich, dann mutiger dem Hund folgte. Schließlich, es war schon fast dunkel, gesellte ich mich zu den beiden und brach das Kitz auf. Anfangs schaute der Kleine angeekelt, dann immer interessierter zu und ließ sich sogar überzeugen, einen Vorderlauf zu halten. Schließlich überreichte ich ihm die Leber mit den Worten: »Bitte halte sie fest, die wollen wir nachher gemeinsam essen.« Pures Grauen war in das Gesicht des Jungen geschrieben. Er griff nach der glitschigen Masse und drückte sie, weil sie ihm aus den Händen zu gleiten drohte, verzweifelt an seine Brust. Damit war der Bann gebrochen.

Als wir nach Hause kamen, war das Entsetzen bei Mutter und Großmutter gleichermaßen groß, als sie den Sprössling in die Arme schließen wollten. Er sah furchterregend aus, als hätte ich ihn abgestochen. Eine Brustseite war voller Schweiß, sein Gesicht glich dem eines Indianers auf dem Kriegspfad, aber Claus Georgs begeisterter Bericht rehabilitierte mich. Enthusiastisch schilderte er, wie wir gemeinsam das Reh geschossen, es mit vereinten Kräften aufgebrochen hatten und dass er bitte schön nun endlich die Leber essen möchte. Seitdem habe ich viele wunderschöne Stunden mit meinem Enkelsohn auf der Jagd verbracht.
Meine Enkeltochter, Josephine, zwei Jahre später geboren, ist wie meine Tochter ebenfalls ungemein tierlieb, naturbegeistert, liebt Hunde und Pferde, schoss schon als Sechsjährige, wie ihr Bruder, sicher mit dem Luftgewehr und ist immer interessiert, wenn es um das Thema Jagd geht.
Als mein Schweißhund eines schönen Tages eine Ratte auf dem Rasen gegriffen und abgetan hatte, nahm ich ihm die Beute fort, schaute mich nach allen Seiten aufmerksam um, und als ich keinen heimlichen Beobachter erspähte, entsorgte ich den ungeliebten Mitbewohner, indem ich ihn kurzerhand über den Maschendraht unseres Grundstücks warf. Mittags erzählte ich den Kindern von der Heldentat meiner Hündin und beichtete, dass ich den Unhold in die Büsche des Nachbarn geschmissen hätte. Als wir uns an den Mittagstisch setzten, kam meine Enkeltochter stolz, die Ratte hocherhoben am Schwanz tragend, hinzu und präsentierte sie begeistert ihrer Großmutter, die diese »Tierliebe« nur sehr verhalten teilte. Die Kleine war über den hohen Drahtzaun geklettert und hatte die Ratte aus dem dichten Brennnesselgewirr apportiert. Mein Stolz war grenzenlos.

Taubentheater mit Tessa und Trixi

Irgendwann konnten wir uns Trixis Hundewunsch nicht mehr widersetzen. Bevor sie ihren Jugendjagdschein löste, überraschten wir sie mit einer Kleinen Münsterländerin. Der Züchter Emmo Schröder war begeistert von meiner Tochter und der Art, wie sie mit den Hunden umging. Der Grundstein für eine besondere Freundschaft zum Zwinger »vom Birkenbusch« und zur Rasse Kleiner Münsterländer war gelegt.
»Tessa und Trixi müssen sofort kommen, du natürlich auch, die Tauben fressen uns arm.« Die Reihenfolge der Namen, die Emmo am Telefon gewählt hatte, war bezeichnend. »Comtesse vom Birkenbusch«, genannt Tessa, wurde selbstverständlich zuerst eingeladen, vor meiner Tochter, und dann als Anhängsel der Alte.

Es ist Ende Juli, als wir drei ins Münsterland fahren - die passionierte Hündin mit meiner nicht minder passionierten Tochter und ich. Seit Wochen ist es wahnsinnig heiß.
Je näher wir unserem Ziel kommen, desto mehr Tauben sehen wir. Auf Hochspannungsleitungen sitzen sie in langen Reihen, die Stoppelfelder sind übersät mit ihnen, goldgelbe Strohreste erscheinen wie von einem graublauen Teppich bedeckt. Selbst auf umgebrochenen Sturzäckern: Hunderte nahrungssuchende Tauben.
So halten wir uns nicht lange mit der Begrüßung auf, sondern fahren direkt ins Revier. Emmo postiert mich in ein Maisfeld. »Zum Taubentheater in die dritte Maisreihe«, verabschiedet er sich und setzt Trixi samt Tessa rund 100 Meter weiter am Rand des großen Feldes ab.
Die grünen Stauden sind übermannshoch. Ab und zu raschelt es leise - es ist aber nur der leichte Windhauch, der mit den Blättern spielt.
Ich habe gerade meine Flinte geladen, als sich über den Spitzen der Maisstauden vier Punkte nähern, Tauben! Rasend schnell schießen sie vorüber. Im Fortfliegen fehle ich doppelläufig und denke an den Rat unseres Wildmeisters, den er mir auf dem Gänsestrich einbläute: »Du musst dich zwingen, die Gans vorn vorbei zu schießen.« Es gelingt mir so tatsächlich, aus dem nächsten Flug heraus eine Dublette zu schießen. Da erhasche ich aus den Augenwinkeln erneut acht oder zehn der grauen Flieger. Wieder fehle ich.
Bei Trixi fällt ein Schuss. Ich sehe Tessa über den trockenen Acker stürmen und ihre erste Taube bringen.
Über den Maispflanzen erscheint ein weiterer Flug. Zwei Schüsse fallen, eine der Geringelten klatscht auf die Stoppeln. Trixi schnallt die Hündin. In Windeseile ist sie heran und bringt die Beute ihrer Führerin.
Aufgeschreckt durch unsere Schüsse, sind nun viele Tauben in der Luft, doch das Dreivierteljahr, während dessen ich nur selten die Flinte in den Händen hatte, hat mir den Blick für Entfernungen und Fluggeschwindigkeiten geraubt, und nach wenig mehr als eineinhalb Stunden sind meine Patronenvorräte erschöpft. 25 Vögel haben wir erlegt, Trixi den Löwenanteil.
Nach kurzer Pause und »Aufmunitionierung« sitzen wir ungefähr 50 Meter voneinander entfernt in einem Brennnesselschlag. Um uns herum Tauben, Tauben, Tauben. Einzeln, in kleinen Flügen oder großen Schwärmen streben sie ihren Ruhebäumen zu: eine Pappelreihe an der Hauptstraße links, ein Erlenhorst an einem kleinen Teich in unserem Rücken und die alte Eiche mit der gewaltig ausladenden Krone, unter der

ich hocke. Der Wind weht den Geruch von Stroh und frisch gemähtem Getreide zu uns herüber. Tessa konzentriert sich auf den klaren Himmel, wo Tauben streichen, wohin das Auge auch blickt. Selbst dicht stehende Brennnesseln halten die Hündin nicht ab, mit wild wedelnder Rute zu suchen und zu apportieren. Finderwille, Bringfreude und Jagdpassion überwiegen. Kommt sie mit einer Taube im Fang zurück, wischt sie, sobald sie ihre Beute abgegeben hat, angewidert die Flaumfedern mit den Pfoten aus dem Fang, aber schon bald sind ihr die weichen Federchen nicht mehr unangenehm.

Trixi und ich verharren in gespanntem Warten. Der Hündin mag es genauso gehen. Jede Mücke, die vorbeischwebt, jede Fliege, deren Flügel im Licht aufleuchten, lässt uns zusammenzucken, den Schaft der Flinte fester umfassen, bis das Auge die Täuschung realisiert.

Da - über 30 Gänge entfernt fliegt eine Taube quer zur Baumreihe. Ich wage den weiten Schuss. Nachdem die zweite Ladung den Lauf meiner Flinte verlassen hat, quittiert die Beschossene die Schrote und schwingt sich in einer Birke zwischen Trixi und mir ein. Es dauert lange, bis meine Tochter sie in einer Astgabel entdeckt und schießt.

Dann schießen wir erneut. Federn stäuben, eine der Beschossenen segelt davon, gleitet tiefer, kommt vor einem Zaun noch einmal hoch, überfliegt den Draht und fällt zu Boden. Ohne den Befehl abzuwarten, rast die passionierte Hündin los, überrennt die Stelle, wo die Taube runterging, kommt aber schließlich mit ihrer Beute zurück. Ich vermeine ungeheuren Stolz in den Augen meiner Tochter zu erkennen.

Durch Dornen und Disteln Ich wechsele meinen Stand erneut. Doch nun streichen die graublauen Flieger weit entfernt. Noch einmal wandere ich weiter und kauere im Schatten einer Eiche, als die nächste Taube anstreicht. Hoch ist sie, sehr hoch. Das Korn der Flintenläufe verdeckt den Wildkörper, überholt ihn, die Schrotgarbe verlässt den rechten Lauf, und in einer Wolke aus Federn geht die Taube zu Boden. Tessa stürmt in großen Sprüngen heran und apportiert.

Trixi sitzt tief geduckt rund 50 Meter entfernt unter einer Erle, gut gedeckt von Brennnesseln. Die Hündin kann ich nicht ausmachen.

Ich träume mit offenen Augen und merke nicht, wie meine Tochter aufspringt. Erst als zwei Schüsse fallen und Tauben davonstreichen, schrecke ich hoch. Eine sehe ich zu Boden gleiten, höre Trixi »Apport!« rufen und verpasse zwei Tauben, die fast über meinen Kopf fliegen.

Unter den Läufen der Hündin staubt der trockene Ackerboden bei jedem ihrer Sprünge, und als sie abrupt verhält, ihre Beute aufnimmt, verschwindet sie in einer dichten braunen Staubwolke.

Diese Farben zu malen ist nur die Natur imstande: ein Stieglitz inmitten blühender Kornblumen und Margeriten.

Die Jagd auf Täubin und Tauber birgt viele Facetten.

Tessa apportiert zuverlässig eine Stockente – sehr zur Freude meiner Tochter!

Zweimal streichen Tauben zwischen Trixi und mir. Die junge Jägerin verharrt bewegungslos, glaubt, die Tauben kämen mir näher, schießt dann doch, und ich freue mich über ihre Dublette.

Dann sitzt Tessa hechelnd neben mir. Als die nächste Taube vom Himmel fällt, prescht sie vor, muss aber zweimal nachfassen, bevor sie vorschriftsmäßig bringt.

Ein Bussard streicht vorüber, verfolgt von einem aufgeregten Schwarm Schwalben und den aufmerksamen Blicken Tessas. Elstern schackern in den Büschen. Über dem Feld rüttelt ein Turmfalke.

Als ich Tessa hinter den Behängen kraule, entdecke ich eine vollgesogene Zecke. Geduldig lässt die Hündin die Prozedur über sich ergehen, als ich sie von dem Plagegeist befreie.

Da kommt in rasantem Flug eine Taube auf mich zu. Im Mitschwingen verschwindet sie, just als ich schieße, hinter den Baumkronen. Blätter, Zweige, dünne Äste prasseln herunter, mit ihnen fällt auch der Vogel in den dichten Bewuchs. Dort, wo er heruntergegangen ist, wippen die blauen Blüten der Disteln. Als Tessa ihre Beute sucht, gerät das ganze Gestrüpp in Aufruhr. Die Hündin lässt sich von Dornen und Disteln aber nicht abhalten. Ab und zu erkenne ich ihre wedelnde Fahne, kurz darauf erscheint sie mit der Taube im Fang. Immer wieder schüttelt sie sich, um die weichen Federchen loszuwerden, die dann vom Wind schwerelos fortgetragen werden, über den Erdboden dahinschweben und schließlich im dichten Bewuchs hängen bleiben.

Gebannt beobachtet Tessa einen Kohlweißling, der über die trockenen Stoppeln dahingaukelt. Leichter Wind spielt in den hohen Gräsern. Ab und zu bewegt eine leichte Brise Zweige und Blätter, bringt aber keine Abkühlung, als wir über drei Dutzend Tauben zum Auto tragen.

Tessa, die noch vor wenigen Stunden ausgelassen vor uns hersprang, trottet nun hechelnd hinter uns her. Schließlich springt sie ins Auto. Während wir Beute und Gewehre verstauen, streckt sich die Hündin wohlig aus und beobachtet uns.

Am nächsten Morgen sitzen Trixi und ich etwa 20 Meter voneinander entfernt unter knorrigen Erlen. Es ist trotz der frühen Morgenstunden bereits recht heiß. Die Maisblätter des angrenzenden Ackers fächeln uns etwas Kühle zu, die Szenerie weckt Erinnerungen an spannende Entenjagden in hohem Schilf.

Die Tauben streichen so, dass ich gegen die Sonne schießen muss. Deshalb wechsele ich in den Schatten einer anderen Erle, doch da ist die Deckung nicht optimal. Die Tauben eräugen selbst die kleinste Bewegung und drehen ab. Schließlich finde ich einen Platz, der mir zusagt, doch mit der wandernden Sonne muss ich meinen Stand erneut ändern, um nicht von den aufmerksamen Fliegern eräugt zu werden. Eine Taube stäubt auf, als sie meine Schrote erreicht, fliegt weiter, steilt hoch, überschlägt sich und fällt 150 oder auch 200 Meter entfernt wie ein Stein zu Boden, liegt, weithin sichtbar, auf den dunkelbraunen Stoppeln. Freudig stürmt Tessa los, um sie zu apportieren.

Nach zehnminütiger Atempause beschießt Trixi eine quer vorbeistreichende Taube, die daraufhin im Gleitflug heruntergeht, sich am Rain drückt und dann davonflattert. Doch schon hat Tessa sie gegriffen und bringt sie freudig zu ihrer Führerin.

Der Verkehr auf den Straßen um uns herum wird stärker. Auf den Feldern beginnen die Menschen zu arbeiten. Als es nahezu Mittag ist, brennt die Sonne so heiß, dass die Außentemperaturen höher sind als die Körpertemperaturen des Wildes. Da die Vögel kaum Witterung abgeben, wird es für den Hund zunehmend schwieriger, sie zu finden, das Auge muss mehr arbeiten als die Nase, wir sind uns einig: Tessa hat eine Pause verdient. Auch Vater und Tochter zieht es in die schattige Kühle. Unter Schatten spendenden Erlen rasten wir.

Während Trixi die Strecke legt, Tessa jede ihrer Bewegungen aufmerksam beobachtet, denke ich mit Wehmut an die spannende Frühjahrsjagd, das Anspringen des rucksenden Ringeltaubers während der Balz, die heute verboten ist.

Ich träume von Tagesstrecken in Südamerika mit über 500 Vögeln und von den vielen Tauben im Flugwildparadies Kuba. Dort stellte ich den unterschiedlichsten Arten nach, auf dem Flug zu ihren Äsungsplätzen, manchen beim abendlichen Einfall in den Schlafbäumen, anderen mittags beim Anflug zu den Tränken. Besonders spannend war eine Taubenart, die sich in den großen Hirsefeldern drückte und wie Rebhühner mit Vorstehhunden bejagt wurde.

Unvergesslich auch das Jagen auf Ringeltauben im Süden Englands. Dort schoss ich von 20 bis 30 Meter hohen schwankenden Holzkonstruktionen aus, die in die Kronen besonders hoher Bäume genagelt waren, massenweise Tauben, wenn sie in der Dämmerung ihre Schlafplätze aufsuchen wollten. Eine wahrhaft wackelige abenteuerliche Angelegenheit.

Ich denke auch an eine Taubenjagd, die mich bereits als Kind abschreckte. Entdeckten die Jungen unserer Landarbeiter ein Taubennest, warteten sie, bis die Jungvögel ersten Flaum angesetzt hatten. Dann banden sie je einen Ständer mit Bindfaden an einen Zweig. So konnte der Nachwuchs, flügge geworden, das Nest nicht verlassen, und die geduldigen Altvögel fütterten, bis die Tauben feist genug für einen guten Braten erschienen.

JAGEN IN MODISCHEM TWEED UND GRÜNEM LODEN

Meine Tochter ist der Ansicht,
ein Kapitel über Kleidung gehöre nicht in ein Buch
für Jäger, Mode sei eine Domäne der Frauen.
Doch grün, grün, grün waren stets alle meine Kleider ...

Grün, grün, grün waren alle meine Kleider

»Is it true that German hunters always wear green clothes for hunting?«, fragte mich ein Russe auf der Jagd in Kamtschatka, und ich bejahte.

Meine Tochter ist der Ansicht, ein Kapitel über Kleidung gehöre nicht in ein Buch für Jäger, Mode sei eine Domäne der Frauen. Ich habe mir trotzdem Gedanken über dieses Thema gemacht. Auf der Jagd bestimmen neuerdings auch Männer, was »in« ist, das war lange Zeit mit einem Wort zu beantworten: grün.

Die »Grüne Farbe«, einst Bezeichnung für die Forstpartie, ist durch Jäger vervielfältigt worden. Ich meine nicht Hermann Löns, der ein grünes Buch geschrieben hat und bei dem sogar die Heide grün ist, obwohl sich Erica ja alles andere als in Grün präsentiert.

Bei gestandenen Waidmännern war nicht nur die Hoffnung grün, auch Hemd, Hut, Schlips, Socken und bei ganz Überzeugten selbst die Unterhose präsentierten sich in gediegenen Grüntönen.

»Die Lodengrünen« war eine lieb gemeinte Bezeichnung für die grüne Zunft der Jäger. Sie klingt besser als »Camouflage-Zunft«. Früher wurde man nicht wieder eingeladen, erschien man in Jeans, damals Nietenhosen genannt, oder anderer nicht »standesgemäßer« Kleidung zur Jagd.

Die traditionellen Farben Grau und Schwarz, durch Verordnungen des Mittelalters Jägern vorbehalten, sind unübersehbaren Signalfarben gewichen.

Die alten Jägerfarben Grün respektive Grau, Weiß und Schwarz fanden sich noch in den Uniformen der Forstbeamten und Berufsjäger wieder: grüner Rock (Berufsjäger grau), weißes Hemd und schwarzer Schlips.

Auch hier ist ein Wandel eingetreten. Schlichte grüne Hemden werden durch schicke karierte ersetzt, klassischer grüner Loden durch eleganten schottischen Tweed, die speckige Lederhose durch maßgeschneiderte angelsächsische Knickerbocker.

Das Tragen einer Warnweste ist auf Gesellschaftsjagden für Jäger und Jagdhelfer heutzutage aus Sicherheitsgründen vorgeschrieben. Moderne

Jagden ähneln daher bisweilen auf den ersten Blick dem Ausflug eines Teams von Rettungssanitätern, einer Schar Männer, die Werbung für Herrenmode machen, oder, sollte sich Camouflage durchsetzen, einer Truppe bestens ausgestatteter Dschungelkämpfer. Tempora mutantur - so ändern sich die Zeiten.

Motten essen Hamster auf

Meine Mutter legte großen Wert darauf, dass meine Brüder und ich stets dem Anlass entsprechend vorschriftsmäßig gekleidet waren. Ich erbte natürlich als Kleinster die abgelegten Kleidungsstücke meiner älteren Geschwister und bin dadurch extrem pflegeleicht, anspruchslos und schmerzfrei, was mein Äußeres betrifft. Frau und Tochter versorgen mich mit repräsentativen Krawatten englischer Machart mit jagdlichen Motiven, je nach Anlass mit fliegenden Fasanen oder vorstehenden Pointern für die Niederjagd, wilden Schweinen für Drückjagden oder Elefanten, Giraffen und Löwen für internationale Meetings. Ansonsten ist mir völlig egal, was ich am Leib trage.
Zwei geerbte Mäntel aber waren mir nicht einerlei, ich trug sie besonders gerne. Der eine war ein in grauer Vorzeit mondäner Innenpelz, aus feinem englischem Tweed mit Nutriakragen und Hamsterfutter. Ich habe ihn geliebt, weil er meinen Schwiegervater auf seinem Treck bei der Flucht hoch zu Pferde von seinem schlesischen Besitz in den Westen vor allen Wetterunbilden bewahrte und auch mich in eiskalten Ansitznächten mollig warm hielt. Dann wurde er innerhalb eines Sommers von schnöden Motten zerstört, förmlich aufgefressen.

Festgefroren

Das andere gute Stück stammte von meinem Großvater, war also über 80 Jahre alt, ein Mantel aus schwerem dunkelgrünem Loden.
Wenn der Herbst nahte und damit die Saujagden, hängte ich ihn in den Schweinestall, damit er den typischen Geruch - meine Frau bezeichnete es als Gestank - von Stroh und Schweinen annahm und meinen Eigengeruch bei der Jagd übertönte. Bei einigen Familienmitgliedern sorgte der Mantel daher für gewisses Naserümpfen.
Er war mit der Zeit abgewetzt, glänzte an manchen Stellen speckig, hatte Risse, zum Teil, mit viel Liebe, wahrscheinlich von meiner Großmutter, kunstvoll gestopft, wohingegen spätere weibliche Generationen Reparaturen mit einfachen Flicken notdürftig und eher lieblos übertünchten.
Als ich ihm beim Übersteigen eines Stacheldrahtzaunes eine weitere lange Triangel zufügte, riss meiner lieben Frau, der das mir ans Herz

gewachsene Erbstück schon lange ein Dorn im Auge war, der Geduldsfaden. Es sollte sein restliches Dasein in der Kleidersammlung fristen. Der Zufall wollte aber, dass ich den Mantel in dem Bündel ausrangierter Kinderklamotten entdeckte. Die Empörung war groß, die Diskussion kurz, der Ehefrieden war länger gestört. So wie frischer Dreck den Soldaten ziert, ziert zerschlissene Kleidung den Jäger ist meine Devise, und meine Frau willigte schließlich widerwillig ein, den »Lumpen« zur Schneiderin zu bringen.

Als ich bei besagter Meisterin der Stoffe Kleider, Röcke oder dergleichen abholen sollte und nach dem geliebten Mantel fragte, traf mich das Entsetzen, das mir aus ihren Augen entgegenfunkelte, zutiefst. »Herr Baron, das ist doch nicht Ihr Ernst, mit dem Lumpen wollten Sie doch wohl wirklich nicht rumlaufen, was sollen denn die Leute von Ihnen denken?« Aber dem Herrn Baron graute vor nichts. Ihm war egal, was die Leute von ihm dachten, er wollte seinen heiß geliebten Mantel wiederhaben. Zu spät. Man hatte ihn schnöde einer Mülltonne anvertraut, brutal entsorgt. »Aber dafür nehme ich natürlich kein Geld von Ihnen«, musste ich mir anhören. Ich war außer mir, drohte mit einem Anwalt. Da wurde der Königin der Damenschneider klar, dass ich es ernst meinte. Sie machte aus dem Problem einen Versicherungsfall. Seitdem trage ich einen der neuesten Mode entsprechenden, unpraktischen Mantel aus modernen Funktionsmaterialien und reihe mich damit in die elegante, hochnäsige jagdliche High Society ein. Den alten wird er nie ersetzen können.

Während die Schneeflocken nicht leicht und leise rieselten, sondern feucht und schwer auf den Boden klatschten, war ich, in den noch

Harris-Tweed: Kleider machen Leute – und auch Jäger!

nagelneuen Mantel gehüllt, bei abnehmendem Mond losgezogen, um nahe einer Rübenmiete auf Sauen zu passen. Ich setzte mich, auf die Güte des neuen Mantels vertrauend, ungefähr 70 Meter von der Miete entfernt unter einige junge Fichten am Rand des Ackers auf den Boden. Irgendwann nickte ich ein. Als ich erwachte, war es bitterkalt. An der Miete brachen Sauen. Behutsam wollte ich zu meinem Stutzen greifen und in Anschlag gehen, dafür hätte ich mich auf dem Hosenboden um 90 Grad drehen müssen. Unmöglich. Es knirschte und knisterte so laut, dass ich die Luft anhielt. Etwas hielt mich fest, als sei ich am Boden angenagelt. Nach einem weiteren Versuch realisierte ich: nicht angenagelt, der Mantelstoff war auf dem Waldboden festgefroren! Sobald ich mich bewegte, knirschte es unüberhörbar. Selbst mit größtmöglicher Anstrengung war es unmöglich, mich lautlos von Mutter Erde zu trennen. Die Sauen hatten nichts vernommen. Ich zog unter mühsamen Verrenkungen vorsichtig den Mantel aus, ohne dass sie mich bemerkten, und konnte dann einen Überläufer erlegen.

Lieber ein Sack voll Stroh als ein Akku voll Strom

In meiner Kindheit gab es auf unserem Hof noch Pferde, Kühe, Schweine, Heu und Stroh und - braune Jutesäcke. Ich erinnere mich, dass wir diese Säcke voll Stroh oder Heu stopften, bevor wir auf den winterlichen Ansitz zogen. Sie rochen angenehm nach Stall oder Vieh und wärmten uns stundenlang. In ebensolchen Säcken harrte ich vor vielen Jahren mit meinem schon lange im großen Revier jagenden Freund Willi Weyer, Inhaber des gleichnamigen Jagdreise-Vermittlungsbüros, in Ostpreußen in eisiger Winternacht an einem Luderplatz. Wir wollten Wölfe schießen. Statt der Grauhunde kamen hungrige Bewohner aus dem entfernten Dorf, um sich eine Portion Fleisch von dem alten Klepper zu sichern, den wir am Tag zuvor als Köder dorthin geführt und erschossen hatten - eine Jagdsituation, die in der heutigen Zeit so natürlich nicht mehr nachvollziehbar ist. Eindrücke, die sich bei mir festgesetzt haben, im grauen Nebel der Vergangenheit verblassen, aber präsent sind.

Genau wie eine länger zurückliegende Jagdreise mit meinem Sohn nach Grönland. Ohne die dicke Pelzkleidung aus Robbenfell, die uns die Einheimischen zur Verfügung gestellt hatten, hätten wir nicht überlebt.

Und nun schenkten mir meine Kinder (»Pappusch, auch du wirst älter!«) eine Weste für die winterliche Jagd. Keine »normale« Weste aus Leinen, Loden oder Fellen, nein, ein Hightechmodell aus modernen Kunstfasern. Und die Krönung: dazu einen Akku, der sie elektrisch aufheizt.

Immer gut behütet

Der »Jagdfilz« spielte früher im Leben eines Jägers eine wichtige Rolle, hielt normalerweise ein Jägerleben lang und wurde sogar, auch wenn er abgetragen und speckig war, bei Beerdigungen oder festlichen Anlässen getragen. Wer ohne ihn auf der Jagd erschien, kam vor das Jagdgericht. Was ein Jäger heute auf dem Kopf trägt, ist zweitrangig. Selbst Basecaps sind »jagdgesellschaftsfähig«.

Während manche Jünger des Hubertus als wahre Blitzableiter durch den Wald stapfen, ihre Kopfbedeckung von Abzeichen, Orden und Medaillen aus Silber, Gold, Stahl und Aluminium bleischwer sind, schmückte meinen ersten Jagdhut ein Eichhörnchenschweif. Nachdem ich meinen ersten Hasen erlegt hatte, zierte dessen Blume den Hut, die wurde, als ich mit 17 Jahren meinen ersten Rothirsch gestreckt hatte, von dessen mehr als kümmerlichem Bart abgelöst. Es war schließlich selbstverständlich, sich nur mit selbst erbeuteten und gebundenen Trophäen - Erpellocken, Malerfedern, Sau-, Hirsch-, Dachs-, Gams- oder gar Hasenbärten, Eichelhäherfedern oder Birkhahnspielen - zu schmücken.

Ein Freund hatte in Alaska einen starken Bären geschossen. Stolz ließ er den Penisknochen von einem Goldschmied in eine Anstecknadel fassen, die er sich an den Hut steckte. Bei den alten bodenständigen Heidjern sorgte er damit für viel Spott, der in dem Ausspruch meines Bruders gipfelte: »Ich habe es nicht nötig, mich mit einem fremden Penis zu schmücken.«

Meine Frau verabscheut meinen Jägerhut. Er sei abgeschabt, zerknittert, in höchstem Maße unansehnlich, mit einem Wort: zum Wegwerfen überreif. Eine Ansicht, die ich nicht teile. Jede Falte, jedes Stück abgewetzten Filz liebe ich, ist doch jedes Stückchen Blessur mit Erinnerungen verbunden.

Vor allem ein Durchschuss, der aus den Kindertagen meines Sohnes stammt. Nicht, dass er auf den Hut geschossen hätte, als ich ihn auf dem Haupte trug, wie einst Tell den Apfel! Das hätte der zur Vorsicht mit der Waffe Erzogene nie und nimmer gewagt. Aber er spielte mit meinem Hut im Garten Wildwest, setzte ihn auf einen Pfosten und durchschoss ihn mit dem Luftgewehr. John Wayne hat bei der Tat wahrscheinlich Pate gestanden.

Bisher ist es gelungen, meinen Hut über die Jahrzehnte zu retten. Mein Argument gegenüber der mir vom lieben Gott Anbefohlenen: Jagd ist nachhaltige Nutzung nachwachsender Ressourcen. Ich fühle mich nicht nur dazu verpflichtet, wenn es um das Verwerten von Wild geht, mein Hut ist auch ein Beispiel dafür. Zwar behauptet meine Frau, ich würde übertreiben, schenkte mir eine modische, karierte Jagdmütze »Made in Scotland«, aber die führt ein beschauliches Leben auf dem Brett unserer Garderobe in der Diele. Nachhaltige, maßvolle Nutzung nachwachsender Rohstoffe, dazu gehört auch Wolle, ist nun einmal ein Prinzip von mir. Ein Hut gehört einfach dazu. Jagen ohne? Ich würde mich nackt fühlen. Zudem sind Jagdhüte praktisch. Meiner schützt meinen kahlen Schädel vor Sonnenbrand sowie Angriffen von Mücken und Bremsen. Und an was, wenn nicht an den Hut, sollte ich mir den frischen Bruch stecken? Ein Jäger ohne Hut ist wie ein König ohne Krone oder, ganz profan, wie eine Suppe ohne Salz.

Der fliegende Filz

Nach dem Frühansitz strebte ich auf einem breiten Sandweg an einer 30-jährigen Kiefernkultur entlang nach Hause. Es war kühl, doch die Sonne schickte ihre ersten wärmenden Strahlen vom Himmel. Daher verweilte ich am Rand der Dickung und setze mich in das wintertrockene Gras am Wegesrand.

Ich war gerade über eine am Vortag gemähte Wiese geschlendert. Früher saßen gleich nach der Mahd Füchse, Greif-, Raben- und andere Vögel auf solchen Flächen und fanden einen reich gedeckten Tisch vor: Mäusenester, tote Insekten, Larven, Würmer oder vom Kreiselmäher verstümmelte Heuschrecken. Bei meinem Gang über die braunen Grasstoppeln hatte ich nun das Gefühl, über eine tote Fläche zu wandern. Kein Krabbeln oder Davonhuschen, nicht ein Mäusegang oder frischer Maulwurfshügel. »Wovon soll sich ein Fuchs hier ernähren, satt werden und seine Welpen großziehen?«, überlegte ich.

Vor vielen Jahren war diese Wiese übersät mit bunten Blumen. Saftige Kräuter boten unterschiedlichsten Wildtieren reichlich Äsung und waren eine natürliche Apotheke für alles, was da kreucht und fleucht. Vergangenheit! Einfarbig grün sind die großen Flächen vor der Mahd. Nicht einmal unterschiedliche Farbtöne deuten auf verschiedene Grassorten hin. Mit fortschreitender Intensivierung der Landwirtschaft kam mehr Gülle auf die Flächen, noch mehr Stickstoff, und die bunten Blumen gingen. Löwenzahn und Brennnesseln können sich als Einzige noch durchsetzen.

Vogelgezeter riss mich aus meinen Gedanken. Ich hatte das warnende Rufen der Amsel kaum wahrgenommen, da saß der schwarze Vogel aufgeregt schimpfend auf dem Weg und strich dann in den Wald zurück. Kaum war er verschwunden, erschienen rund 30 Gänge entfernt balgend drei muntere Jungfüchse und vertrieben mir die Zeit.

Zwei Jungfüchse beim Spiel – kurz bevor sie meinen alten Hutfilz »erbeuteten«.

Eine so bunte Wildblumenwiese erfreut nicht nur Insekten und Vögel.

Der Anblick währte nicht lange, nach wenigen Minuten verschwand die übermütige Gesellschaft in der Dickung.
Flink fand ich hinter einer brusthohen Kiefer notdürftige Deckung, prüfte den Wind, der von den roten Schelmen auf mich zustand, und mäuselte. Wenige Sekunden später »rollte« einer der Jungfüchse wie ein Wollknäuel fast vor meine Füße, bewindete meine Stiefelspitzen und äugte interessiert an mir hoch. Ich bildete mir ein, der anfangs noch naive, spitzbübische Gesichtsausdruck des putzigen Kerlchens bekam einen immer ängstlicheren, unsichereren Ausdruck.
Da erschienen die beiden anderen Welpen, saßen bewegungslos auf ihren Keulen und beäugten mich ebenfalls, aber vorsichtiger als ihr Wurfgenosse und aus einigen Metern Entfernung.
Das Misstrauen des zuerst Erschienenen hatte inzwischen nachgelassen, seine Neugierde gewann die Oberhand, doch plötzlich raste er in panischem Schrecken davon, überrannte seine Spielgefährten, sodass ein undurchschaubares Durcheinander auf dem Weg entstand. Dann stürmten alle drei fort.
Bevor die verwirrte Gesellschaft vom Weg abbog und in der Schonung verschwand, ergriff ich meinen Hut und warf ihn den aufgeregten Rotröcken hinterher.
Die Wirkung war verblüffend: Während sich der fast Getroffene vor Schreck überkugelte, hielt ein anderer inne, schnappte blitzschnell das

»unbekannte Flugobjekt« und schüttelte und beutelte meinen alten Filz mit solcher Inbrunst, als wollte er ihn abtun.
Augenblicke später realisierte »Jung Reineke« seinen Irrtum, ließ die gewiss penetrant nach Menschen stinkende Beute fallen, folgte, so schnell ihn seine kurzen Läufe tragen konnten, den beiden Geschwistern und verschwand ebenfalls im Schutz der Dickung, einen lachenden Jäger auf dem Weg und eine zeternde Amsel im Gebüsch zurücklassend.

Dresscode - Kleider machen keine Jäger

Bei meinem Bruder beklagte sich ein Freund, Jäger würden sich immer weniger voneinander unterscheiden. Fast jeder könne sich einen abgerichteten Hund, eine wertvolle Doppelbüchse, einen teuren Geländewagen oder elegante Jagdkleidung zulegen oder an einer Großwildsafari teilnehmen.
»Womit«, fragte der Mann, »kann sich ein Jäger noch aus der Masse herausheben?«
»Mit Bescheidenheit«, erwiderte mein Bruder, »und mit guten Manieren.«
Bei einer Gesellschaftsjagd stand ich vor der Begrüßung in der Nähe zweier chic gekleideter Jäger. Einer erzählte, er habe sich in Edinburgh einen Jagdanzug anfertigen lassen, der andere rühmte einen belgischen Schneider, dessen tadellose maßgeschneiderte Jagdkleidung er trug.
Da kam mein Sohn, Forststudent im dritten Semester, und begrüßte mich herzlich. Seine Jacke war zerschlissen, der Pullover darunter ausgefranst, die Hose zerknittert, und die Stiefel hatten die ganze Jagdsaison keine Schuhcreme gesehen.
Einer der beiden so perfekt ausstaffierten Dressmen zog verächtlich die Augenbrauen hoch und schüttelte den Kopf. »Wer sich das Jagen nicht leisten kann«, meinte er pikiert, »sollte es besser bleiben lassen.«
Darauf mein Sohn: »Sind wir hier auf der Jagd oder auf dem Laufsteg?«, und ich meditierte: »Kleider machen Leute - aber keine Jäger.«
Als jüngster von drei Brüdern musste ich die abgelegten, zerschlissenen Klamotten der beiden älteren auftragen. Sparsamkeit ging vor Eleganz.

Kleider machen Beute oder Morgenglanz der Ewigkeit ...

An diesen Choral aus dem evangelischen Gesangbuch musste ich denken, als ich der Einladung eines Freundes zur Hirschbrunft folgte.
»Die Hirsche melden kaum noch, du musst dich beeilen«, hatte er am Telefon geäußert, doch zur Hauptbrunft war ich nicht abkömmlich.

Der September ist fast vorüber, als ich endlich losfahre. Von Herbstfärbung ist kaum etwas zu ahnen, lediglich die Blätter der Kastanien beginnen braun zu werden, aber es wird herbstlicher, je weiter ich gen Osten brause.

Die Früchte der Ebereschen hängen dunkelrot und gewichtig von den Bäumen. Ebenso schwer beugen sich von den Holunderbüschen schwarze Dolden, dicht übersät mit Beeren, unter der Last der Feuchtigkeit herab, und an jeder der dunklen Kugeln glitzert ein silberner Tropfen. Auf den abgeernteten Feldern sammeln sich Kiebitze und Stare.

Der Himmel, durch eine graue Dunstschicht von der Erde getrennt, bezieht sich mehr und mehr. Nieselregen, gemischt mit Dunst und Nebel, liegt in der Luft. Ich muss den Scheibenwischer einschalten.

Sechs Stunden Fahrt, sechs Stunden Unruhe und Erwartung, sechs Stunden Vorfreude, Spannung und Erinnern an vorhergegangene Einladungen zur Hirschbrunft!

Endlich am Ziel. Die Gespräche am Kamin sind wenig ermunternd: »Die Brunft ist vorüber«, eröffnet man mir. »Rotwild kommt kaum auf die Freiflächen, steht im hohen Holz, wo Eicheln und Bucheckern in solchen Massen herunterprasseln, dass der Boden mit einem dicken Teppich der Früchte des Waldes bedeckt ist.«

Zwei Gäste haben in der vergangenen Woche lediglich ein paar Tiere gesehen und sind enttäuscht wieder abgereist.

»Du kannst gerne Kahlwild und Sauen schießen, Muffel- und Damwild ist ebenfalls frei, und wenn du einen passigen Hirsch siehst, nicht lange fackeln«, richtet mich der Jagdfreund auf, als mein Gesicht lang und länger wird. Im Nu steigt meine Stimmung.

Bei Dunkelheit sitze ich am nächsten Morgen zufrieden auf einer Kanzel und erwarte, ehrfürchtig schweigend in die Stille lauschend, den Aufgang der Sonne. Meine Hündin Gesa hat sich neben mir zusammengerollt und schläft.

Kraftspendende, erwartungsvolle Stunden liegen vor uns, Zeit zum Entspannen, Schauen, Philosophieren, aber kein Schrei, kein Brunftgetümmel unterbricht die Ruhe.

Allmählich kriecht die Sonne aus der Nacht heraus. Von Minute zu Minute wird es heller. Die Sterne sind längst verblasst, alles um uns herum beginnt im rosaroten Hauch des anbrechenden Morgens zu glänzen.

Der Wind spielt in den Zweigen der hohen Bäume am Waldrand und wispert leise, nur vom Prasseln der Eicheln, die auf den feuchten Waldboden klatschen, unterbrochen.

Die Krone der Jagd –
ein Pirschgang mit meiner BGS-Hündin Diva.

Ein ganz besonderer Anblick, der jedes Jägerherz höherschlagen lässt.

Fruchttragende Waldbäume stärken das Ökosystem Wald.

Das Mufflon ist das kleinste aller weltweit vorkommenden Wildschafarten.

Die Luft ist schwer. Der Wald trieft vor Nässe. Uns umgibt tiefe Stille, und doch ist sie voller Leben, voller Melodie.
Die Wolken wandern tief und regenschwer nach Osten, »brunftfeindliches« Wetter. Es ist bereits nach 7.00 Uhr, als das Büchsenlicht endlich den Kampf mit der Morgendämmerung gewinnt.
Da brummt es gedämpft und lang gedehnt. Der Stimme nach ein älterer Hirsch bei seinem Rudel. Als sich ein Beihirsch zaghaft meldet, blechern, blökend, höre ich wieder das Brummen, unwilliger, und dann erschüttert ein uriger Schrei den Bestand, klangstark, mit ungezügelter Leidenschaft. Als hätte ein Blitz eingeschlagen, hält der Wald wieder den Atem an, kein Laut ist zu vernehmen, bedrückende Stille um uns herum.
Gegen 9.00 Uhr brechen Gesa und ich resignierend den Ansitz ab. Das Wild ruht in seinen Tageseinständen.
Das Pirschen auf dem bemoosten Waldboden ist ein Kinderspiel im Vergleich zu dem Kiefernbestand, den wir beim Angehen durchquert haben und in dem es trotz größter Vorsicht unmöglich war, sich lautlos zu bewegen.
Die Hündin ist ebenso missmutig wie ich. Ohne auf links und rechts zu achten und die Nase nicht am Boden, um alle möglichen Duftmarken zu verweisen, trottet sie uninteressiert frei bei Fuß neben mir her.
Plötzlich verhält sie und starrt zu dem welkenden Farnkraut. Nur ihre Rute zuckt verstohlen hin und her.
Ich blicke gebannt gegen die gelblich rotbraune Wand, und nach wenigen Augenblicken fesselt auch mich eine Bewegung im Gewirr der absterbenden, zum Teil am Boden liegenden Halme.
»Sauen!«, zuckt es mir durch den Sinn. Ich nehme das Gewehr von der Schulter, mache drei, vier Schritte bis zu einer Kiefer, gehe in Voranschlag, und da erscheint etwa zehn Gänge vor uns ein Muffelschaf, es folgt ein kümmerliches Lamm.
Rückstoß und Knall gehen in meiner Erregung völlig unter. Die Wucht der Kugel reißt das Lamm blitzschnell von den Schalen. Kurzes Schlegeln, letzter Atemhauch dampft aus dem Farn gen Himmel, dann führt mich Gesa zu dem verendeten Stück, und wir sind beide glücklich über spannende Minuten und unsere Beute.
Der Aufbruch wandert im hohen Bogen ins Farnkraut. Sauen werden ihn als willkommenen Eiweißspender neben Eicheln und Bucheckern schätzen.
Die vier Läufe zusammengeschnürt, wuchte ich mir das schwache Lamm auf die Schulter, stolpere zum Auto, und das Leben im Wald

nimmt seinen gewohnten Lauf, als sei nichts Außergewöhnliches geschehen: Drosseln zetern, ein Rotkehlchen tickt, und hoch unter den Wolken kreisen zwei Bussarde.

Am Abend sitze ich wieder auf der Kanzel. Die Sonnenfarben sind längst verblasst. Außer einem rötlichen Streifen am westlichen Himmel ist es dämmrig. Klangtote Stille - auch der Silbergesang des Rotkehlchens ist verstummt.

Als leichte Dunstfäden über die große Fläche wandern und wabern, tritt weit entfernt Rotwild aus. An der Stärke der Wildkörper kann ich ausmachen, dass zwei Hirsche mit sieben oder acht Stück Kahlwild zur anderen Seite der Wiese wechseln, einen Abflussgraben queren und unter den alten Eichen Richtung Moor verschwinden. Ich verharre trotzdem auf der Kanzel, bis die ersten Sterne blinken, Büsche die Form eines Stückes Wild annehmen, ein Waldkauz über dem Nebel dahingeistert, auf der Kanzelbrüstung blockt und wieder im Dunkel verschwindet. Aber kein Hirsch röhrt. Es bestätigt sich, dass es nicht lohnt, an den Freiflächen anzusitzen.

Am nächsten Morgen pirsche ich mit Gesa daher in das große Sumpfgebiet, zu dem das Rotwild am Abend vorher gezogen war.

Am Stamm einer verkrüppelten Erle glaube ich, notdürftig gedeckt durch Brennnesselstauden, einen geeigneten Ansitzplatz gefunden zu haben, obwohl ich nach allen Seiten höchstens 20, maximal 30 Meter Sicht habe. Neben Handschuhen und Mückenschleier als Gesichtsschutz trage ich auf Anraten des Freundes dessen Camouflage-Jacke. Ich besitze ein Schneehemd, andere Tarnkleidung habe ich bis dahin vehement abgelehnt, und erst nach längerem Widerstreben und eingehender Diskussion zog ich mir die olivfarbene Jacke über, die einst Soldaten zum Sieg verhelfen sollte und dann aus der britischen Armee ausgemustert worden war.

Zwar sitzen Gesa und ich im Schutz einer dunklen, diesigen Tarnkappe, sind gewiss in meiner der Herbstfärbung perfekt angepassten Jacke nur schwer vom Wild auszumachen, Hund und Herr verschmelzen mit ihrer Umgebung, aber ich kann Wild erst auf kurze Distanz wahrnehmen.

Trotzdem bin ich guten Mutes. Endlich wieder draußen, so mag auch meine Hündin denken, um die Natur in vollen Zügen zu genießen mit all ihren kleinen und großen Wundern, um der kräftezehrenden Zivilisation den Rücken zu kehren und sich von dem festlichen, weithin zu vernehmenden Brunftkonzert der Hirsche verzaubern zu lassen.

Um uns herum, neben und unter uns, herrscht rege Lebendigkeit. Ich spüre es hautnah. Es krabbelt und kribbelt, bald schleicht sich etwas in meinem Hosenbein hinauf, bald juckt es im Genick. Im Waldboden pulsiert das Leben. »In einem Löffel Walderde leben mehr Organismen, als es Menschen auf der Welt gibt«, sinniere ich. Gleichzeitig bin ich froh, durch meinen Tarnschleier »unbestechlich« zu sein.

Eicheln plumpsen ins Laub. Das dumpfe Aufklatschen ist außer dem Warnen eines Kleibers das einzige Geräusch um uns herum.

Langsam, sehr, sehr langsam wird es heller. Im Osten ist die aufgehende Sonne zu ahnen. Ihre Strahlen tasten sich bald hinter jedes Geheimnis auf dem Waldboden und finden nach längerem Suchen auch mich, der sich fröstelnd an den Stamm der Erle drückt.

Dann jubiliert ein Zaunkönig. Obwohl nur höchstens neun Gramm schwer, entwickelt er Geräusche in einer Lautstärke von bis zu 90 Dezibel, die fast einen halben Kilometer weit zu hören sind. Umgerechnet auf einen Menschen mit meinem Körpergewicht, müsste der Zaunkönig bis in den Oman zu hören sein. Ich habe den kleinen Kerl beobachtet, wie er in eine am Boden liegende, trockene Fichtenkrone geschwirrt ist. Nun verrät ihn nur noch sein Lied.

Wenig später klingt sehnsuchtsvoll, melancholisch, kaum 100 Meter entfernt, der erste Schrei an diesem Morgen durch den Wald. Ein jüngerer Hirsch ist es, der da näher kommt und rund 50 Gänge von meinem Versteck entfernt hinter dichtem Erlengestrüpp verhofft. Über dem Gewirr aus grünen und braunen Blättern erahne ich ein dunkles Geweih, mehr kann ich nicht ansprechen, Bewuchs und Schatten sind seine Verbündeten. Dann verschwimmt er wieder mit der Dunkelheit, ist einfach fort.

Langsam tastend, nehme ich das Ochsenhorn zur Hand, um ihn zu reizen, zum Zustehen zu bewegen, doch noch bevor ich es an die Lippen zu führen imstande bin, mahnt ein Tier, ich höre, wie er sich im flotten Troll entfernt.

Nun bricht es rechts von uns. Mein Hündin setzt sich auf, und aus der Anonymität des Waldschattens zaubert das lichtstarke Fernglas einen dunklen Klumpen, der sich als ein Hirsch entpuppt.

Schemenhaft kommt er bis auf ungefähr zehn Meter heran, verhofft und zieht dann vorüber, verschwindet. Als das Licht allmählich besser wird, hebe ich vorsichtig die rechte Hand, drücke meine Nase zu, stoße bei offenem Mund die Luft in die Nase: »Äng! Äng!« Und noch einmal erklingt markant das kurze, nasale Mahnen eines Tieres.

Waidmannsheil in Masuren: ein abnormer Rothirsch.

Rotwild äugt gut, windet und vernimmt ausgezeichnet.

Wespenbussarde ernähren sich hauptsächlich von Wespen und Hummeln.

Die Zeit scheint stillzustehen. Da blickt meine Hündin erwartungsvoll zu mir und dann wieder zu dem immer noch im Dämmerschatten liegenden Bestand. Auch ich vernehme leises Brechen und mache mich erdverbunden klein. Ein Stück Wild zieht heran. Ich meine seine Nähe zu spüren. Nur wenige Meter trennen uns. Ich wage kaum zu atmen, zumal ich aus der Richtung keinerlei Deckung habe.

Fast zum Greifen nahe erscheinen dicke, fast schwarze Stangen mit blitzenden Enden und dann das Haupt eines ungeraden Achters über den Brennnesseln. Ich glaube seinen Atem zu spüren, so nahe steht er, äugt zu uns, nimmt uns aber nicht wahr. Der Anblick des Geweihs macht mich, um mit Richard Wagner zu sprechen, vor Staunen stumm. Ich erstarre wie Lots Weib, mein Herz schlägt schneller. Nach wenigen Atemzügen zieht der Hirsch weiter. Ich sitze wie versteinert, in einer immer unbequemer werdenden Haltung, bis ich begriffen habe, dass da ein älterer Hirsch weniger als zehn Gänge vor uns gestanden und uns nicht bemerkt hat.

Ein Fuchs schnürt auf knapp 30 Gänge vorüber, ohne Notiz von uns zu nehmen, später folgt eine Ricke mit ihren beiden Kitzen, sichert und zieht vertraut von dannen. In meiner geliehenen Jacke komme ich mir vor wie Siegfried, der König Gunther im sportlichen Zweikampf gegen Brunhilde mit einer Tarnkappe unterstützte.

Als ich behutsam wieder nach dem Ochsenhorn taste, kommt ein herausfordernder Schrei aus den Brennnesseln, die den Achter in ihren Schutz aufgenommen haben. Ich vermeine aus dem Ruf den wütenden Trotz eines suchenden Hirsches zu vernehmen.

»Öh! Öh!«, hauche ich in mein Horn, lasse es auf den Boden gleiten und greife zur Büchse. Ärgerliches Brummen kommt aus der Richtung zurück, in die der Achter gezogen ist.

Dann höre ich ihn im Bogen um uns herumwechseln. Mit jedem Rascheln, jedem brechenden Ast, jedem lauter werdenden Tritt steigt die Spannung und überträgt sich auch auf meine Hündin. Ich vernehme stoßweises schweres Atmen. Wie aus dem Erdboden gezaubert, wachsen auf 20 Schritte zwei kronenlose, dunkle, starke Geweihstangen, werden aber ebenso schnell wieder vom Pflanzengewirr verschluckt.

Behält der Hirsch die Richtung bei, muss er eine wenige Meter breite freie Fläche queren. Auf die konzentriere ich mich nun, die Gewehrmündung zeigt nach dort.

Über den Brennnesseln erkenne ich zwischen einzelnen Erlenstämmen die Rückenlinie des Wildkörpers und dann zwei Geweihenden.

Abrupt verhofft der Hirsch, sichert zu uns herüber, steht wie aus Urgestein gehauen und äugt, einem vieläugigen Argus gleich, nach allen Seiten. Ich bin aber in der Tarnjacke perfekt mit meiner Umgebung verschmolzen, in jeder Beziehung eins mit der Natur und für Wild nicht auszumachen.

Ein lauter, nach Pulver riechender Knall stört die Stille. In prasselnder Flucht prescht der Alte davon, dass es nur so kracht und platscht. Im Nu verschlingt ihn der Wald. Letztes Knacken in der angrenzenden Dickung, und alles ist wieder wie vorher, still und friedlich.

Die Kugel kann nur im Leben oder in einem Erlenstamm stecken. Gefehlt oder gestreckt, das ist hier die Frage.

Lange hält ich es mich nicht unter der Erle, um dem dichten Busch seine Geheimnisse zu lassen. Ungewissheit und Unruhe treiben mich zum Anschuss. Gesa verweist Lungenschweiß und zieht mich am kurzen Riemen in die Dickung zu dem Verendeten. Er hat sich unter die tiefen, dichten Zweige einer alten Fichte geschoben. Ich merke erst am freudigen Verhalten der Hündin, an ihrer wild hin- und herschlagenden Rute, dass wir am Ziel unserer kurzen Suche sind.

Das Licht flutet nun von Osten her strahlend über die Baumkronen und sickert endgültig in die Tiefe des Waldes, wo letztes Grau der Dämmerung hockt.

Geruhsam breche ich den Hirsch auf, Gesa beobachtet mich aufmerksam, und setze mich auf einen umgefallenen Baumstamm, um zu verschnaufen. Die Hündin ruht, nachdem sie die Hirschdrossel verschlungen hat, entspannt neben mir. Über unsere Umgebung breitet sich ein rosaroter Hauch des anbrechenden Morgens, und wir erwarten den neuen Tag.

Angekündigt durch das Warnen einer Mönchsgrasmücke, erscheint wieder ein Fuchs. Obwohl wir weithin sichtbar sein müssten, nimmt er dank der Tarnkleidung keine Notiz von uns, schnürt nahe an uns vorüber.

Schließlich brechen sich die Sonnenstrahlen spiegelnd in unzähligen Tropfen an bebenden Gräsern und blitzenden, glitzernden Zweigen. Netze der Herbstspinnen - auch sie »hochzeiten« ja, wie das Rotwild, im September - spannen sich wie ein schillerndes Diadem zwischen den Halmen. Alles um uns herum wirkt wie in ein grandioses filigranes Kunstwerk verzaubert. Kein Gebilde von Menschenhand, nur die Natur kann solche Kompositionen schaffen.

Über eine Stunde lang sitzen wir neben dem alten Achter, bevor sich Hund und Herr glücklich, voller Dankbarkeit auf den Heimweg machen. Morgenglanz der Ewigkeit!

JAGEN IN HEIMATLICHEN GEFILDEN

Ich habe mein Leben lang lieber im Wald als in Feldrevieren gejagt, wahrscheinlich, weil ich in einem Hochwildrevier aufgewachsen bin und meine besondere Passion schon immer dem Rotwild galt.

Der Wald hat Ohren

Ich habe mein Leben lang lieber im Wald als in Feldrevieren gejagt, wahrscheinlich, weil ich in einem sehr guten Hochwildrevier aufgewachsen bin und meine besondere Passion schon als Junge dem Rotwild galt.

An eine Hirsch-Episode, wie man sie nur in Waldrevieren erlebt, denke ich noch heute besonders gerne. Sie begann auf einer winterlichen Drückjagd, bei der ich einen Rothirsch mit ungewöhnlichem Geweih vor mir hatte: Weder Aug-, Mittel- noch Eissprosse zierte seine dunklen Stangen. Es war gewiss kein Jüngling, der vor mir durch das lichte Stangenholz trollte, vom vierten oder fünften Kopf mochte er gewesen sein, auf jeden Fall zu stark, um in die Kategorie III b eingestuft zu werden. Nur Hirsche dieser Klasse waren frei.

Abends beim Schüsseltreiben wurde der Hirsch, er war noch zwei weiteren Jägern in Anblick gekommen, zum Hauptgesprächsthema, und mir ging er auch in den nächsten Monaten nicht aus dem Sinn.

Erst in der Feistzeit des darauffolgenden Jahres sehe ich ihn erneut, und wieder hat er weder Aug-, Eis- noch Mittelsprossen. Mehrere Tage sitze ich nahe seinem Einstand, da beschießt ein Jagdgast morgens in der Nähe, auf dem Rückwechsel vom Feld, eine starke Sau.

Zwar ist ein guter Schweißhund bald zur Stelle, aber das Schwein hat einen Gebrechschuss, stundenlanges Hetzen und zweimaliges Stellen bringen es nicht zu Stande. Schließlich wird die Suche abgebrochen.

Auf den nächsten Pirschgängen sehe ich »meinen« Hirsch nicht wieder. Der schreckliche Vorfall geht mir aber nicht aus dem Sinn. Auch als ich wieder am Schreibtisch sitze und mich auf die bevorstehende Brunft freue, muss ich an die Sau und den tragischen Schuss denken.

Schließlich bin ich wieder im Revier. Ich erlebe ein herrliches Brunftkonzert, aber über Nacht wird es wärmer. Der Wind dreht, weht aus Westen, die Hirsche verschweigen. Die Hauptbrunft ist vorüber.

Am Morgen pirsche ich durch den vor Feuchtigkeit tropfenden Wald. Spinnweben hängen schlaff und taubenetzt zwischen den Schilfhalmen

über dem Weg. Braungelbes, verdorrendes Gras neigt sich, von dicken Tropfen schwer geworden, tief zu Boden.
Am Rand einer windgeschützten Wiesenschlenke äsen vertraut vier Tiere mit ihren Kälbern. Wenig später stoße ich auf einen jungen Sechser und einen ungeraden Achter, pardoniere sie aber, in der Hoffnung auf den Abnormen. Als würden die beiden meine Gedanken lesen, verhoffen sie wie zum Hohn, obwohl sie, als ich weiterpirsche, voll in meinen Wind geraten.
Ungefähr 500 Meter weiter, dort, wo vor Kurzem reges Brunfttreiben herrschte und zwei Hirsche lautstark ihre Territorien abgrenzten, empfängt mich gähnende Wildleere. Aber ich bin zuversichtlich. Der September ist noch nicht vorüber, drei Tage dauert es noch, bis der Oktober beginnt. Ich hoffe auf erneuten Wetterumschwung, darauf, dass die Brunft noch einmal aufflammt.
Voller Hoffnung steige ich auf eine offene Kanzel in einer moorigen Erlenwildnis, die nahe an den Tageseinständen des Rotwildes steht.
Ein leichter Windhauch weht Wassertropfen von einer dicken Eiche auf den Boden. Es raschelt, als nähere sich Wild.
Meine Kleine Münsterländerin liegt unter der Leiter. Plötzlich erhebt sie sich. Ihr Körper zittert und scheint sich zu straffen. Gebannt blickt sie in die Krone der Eiche. Da entdecke auch ich eine Eichkatze. Mit schnalzenden Lauten rutscht der rote Waldkobold den Stamm herunter, sucht im trockenen Laub hüpfend nach Eicheln, nähert sich dem Hund bis auf drei Meter und verschwindet in der gewaltigen Krone des uralten Baumes. Das Hörnchen hat die Nerven des Hundes, aber auch die meinen auf eine harte Probe gestellt.
Eine halbe Stunde harre ich noch aus, der Abnorme lässt sich aber nicht blicken. Als ich am Abend erneut zu der Stelle pirsche, kann ich die Kanzel wegen des Windes nicht erreichen, ohne das Wild zu stören. Damwild und eine Ricke mit ihrem Kitz stehen in unmittelbarer Nähe des Hochsitzes, und ich hocke mich gut gedeckt auf den Waldboden ins Farnkraut. Der Bestand gleicht an manchen Stellen einem gepflügten Acker. Sauen haben gebrochen. Die frisch aufgeworfene, dunkle Erde zeichnet sich kontrastreich vom vergehenden Grün ab. Starker Wind bläst von Westen. Ab und zu weht er aus der Ferne den Ruf eines Hirsches zu mir herüber, aber es ist schwer zu orten, von wo genau, wie weit entfernt das Wild steht.
Auf einem braunen Farnwedel sitzt ein dicker Brummer. Mit putzig anmutenden Bewegungen scheint er sich mit seinen Vorderbeinen den Schlaf aus den Augen zu reiben. Nur wenige Tage wird er leben und hat

Ein Feisthirschrudel bei der Äsung.

Im Morgendunst zerfließen die Konturen der Wildkörper.

doch seinen festen und wichtigen Platz im gesamten Naturhaushalt. »Welchen Luxus leistet sich die Evolution?«, meditiere ich. Und dann überlege ich weiter: »Fliegen können ja gar nicht sitzen, sondern nur stehen, aber ›eine Fliege steht an der Wand‹ klingt auch komisch.«

Das Kichern eines Schwarzspechtes reißt mich aus meinen Gedanken, aber an diesem Abend ereignet sich nichts Berichtenswertes mehr. Hatte ich an den vorangegangenen beiden Pirschgängen mehrfach Rotwild vor mir, so sehe ich an diesem Abend kein Stück, obwohl ich bis zum Dunkelwerden auf meiner luftigen Warte harre.

Da, wo ich den abnormen Hirsch vermute, wegen des Windes aber nicht hinkonnte, scheint ein brunftiges Tier zu stehen, denn dort röhren mehrere Hirsche, und ihr Konzert begleitet meinen Heimweg.

Über Nacht regnet es wieder, aber ein Blick auf das Barometer zeigt, dass das Wettertief vorübergezogen ist.

Nach meinen Beobachtungen ist Wild bei sogenanntem Rückseitenwetter, also hinter einer Wetterfront, sei es ein Hoch oder ein Tief, besonders aktiv. Die Erfahrung bestätigt sich: Als ich am nächsten Morgen zu den Erlen pirsche, melden zwei Hirsche.

Auf dem Weg spiegelt sich in den Wasserpfützen das Licht des abnehmenden Mondes. Es ist noch stockfinster, als ich die Leiter hochsteige.

Ein Hirsch umkreist unermüdlich ein starkes Kahlwildrudel. Ich erkenne, lediglich schemenhaft, dunkle Wildkörper. Unendlich langsam bricht der Tag an. Schießen wäre wohl möglich, aber das Ansprechen macht Schwierigkeiten. Als das Licht auch im Wald besser wird, spreche ich den Hirsch an: ein ungerader Vierzehnender, acht oder neun Jahre alt, schätze ich.
Es ist schon über eine Stunde hell, als das Rudel fortzieht und ich mich ebenfalls zurückziehen will.
Noch einmal leuchte ich die Wildnis vor mir ab. Ein älterer Bock äst in den hohen Binsen. Seine Decke ist verfärbt, wohingegen die Ricke, die mit ihren beiden Kitzen ungefähr 50 Gänge weiter steht, noch rot leuchtet.
Da erscheint ein Stück Rotwild. Zu weit, um es genau anzusprechen, aber nahe genug, um wieder Hoffnung aufkommen zu lassen. Ich habe den Eindruck, es sei »mein« Hirsch. Er verschwindet unter den alten Eichen. Der Boden ist dort mit Eicheln dicht bedeckt, wie ich von meiner Pirsch vor zwei Tagen weiß.
Der Wind ist stärker geworden. Auf dem nassen Laub und bei dem ständigen Tropfen von den Bäumen, das andere Geräusche verschluckt, ist es einfach, ohne vernommen zu werden, nach dort zu gelangen. Ohne länger zu überlegen, pirsche ich los, in der Hoffnung, der Hirsch hält sich dort noch auf. Als ich den Wechsel erreiche, den er genommen hat, bleibt mein Hund mit hoher Nase stehen, doch weit und breit ist kein Wild zu erblicken.
An eine der Eichen gelehnt, verharre ich über eine Stunde, vernehme aber kein Stangenanstreichen, keinen Ruf, kein Knacken, geschweige denn sehe ich ein Stück Rotwild, und sosehr ich auch grübele, mir kommt keine zündende Idee für eine Strategie, um diesen Hirsch zu überlisten. Als Beihirsch ist er unstet, sucht hier nach einem brunftigen Stück, wird dort abgeschlagen und ist nicht berechenbar wie ein Platzhirsch. Glück ist mehr gefragt als Können.
Bevor ich mich endgültig auf den Heimweg begebe, mustere ich durch das Glas noch einmal meine Umgebung, hocke mich auf den Boden und starre in den Bestand, der bis eineinhalb Meter über der Erde einsehbar ist - und tatsächlich, da zieht ein Stück Rotwild, der Hirsch, den ich vor mehr als einer Stunde gesehen hatte, der dort die ganze Zeit verhoffte! Und noch etwas lässt mich freudig durchatmen, es ist »mein« Hirsch. Einwandfrei erkenne ich ihn, bevor er im Dunst verschwindet.
Am Abend setze ich mich deshalb abermals dorthin. Nebel kommt auf. Beim Ausatmen weht mir eine leichte Brise entgegen, die die warme

Luft in mein Gesicht zurückträgt. Ein feuchter Film legt sich auf meine Brillengläser, sodass sie beschlagen.

Aus dem Dunst zieht ein Vierzehnender, zumindest ein ungerader ist es, denn von einem der drei langen Kronenenden der linken Stange ragt eine zusätzliche kurze Sprosse nach innen. Trotz angestrengten Spekulierens zähle ich in der rechten Krone nur drei Enden.

Der Hirsch ist jung, vom sechsten oder siebten Kopf mag er sein. Alsbald erscheinen mehrere Stücke Kahlwild. Der Dunst wird dichter. Ab und zu werden die Nebelschwaden dunkler, man erkennt nur undeutliche Konturen, dann wird der Nebel wieder durchsichtiger, Kälber, Schmal- und Alttiere sind gut, mitunter gar nicht zu unterscheiden.

Am Rand des Rudels erscheint ein weiterer Hirsch, doch er wird vom Platzhirsch nicht geduldet und mit wütendem Sprengruf vertrieben.

Wenn sich die weiße Wand hebt, erkenne ich schemenhaft einige Läufe, senkt sie sich wieder, ragen die Häupter des sichernden Kahlwildes darüber hinaus, ein gespenstischer Anblick. Das Rudel wird ständig von dem unaufhörlich meldenden Hirsch umkreist. Mitunter ist der Wildkörper nicht zu sehen, die Stangen scheinen dann auf einer hellen Mauer vor mir umherzutanzen.

Mühselig quält sich das Mondlicht durch Dunst und Nebel, verleiht dem Spektakel etwas Unheimliches, Unwirkliches, Dämonenhaftes.

Ich bin sicher, der Abnorme steht in der Nähe des Rudels, daher sitze ich am nächsten Morgen wieder in der Nähe unter einer Eiche und harre auf Büchsenlicht.

Wie zwei Gespenster im blauen Nebel: Rothirsche im Revier.

Es ist dunkel und immer noch neblig. Vor mir zieht Rotwild. Ich höre es äsen, vernehme, wie Gras aus dem Boden gerupft wird, kann aber kein Wild erkennen. Dann meldet ein Hirsch. Langsam entfernt sich das Rudel.

Schließlich schläft die Nacht langsam ein, und ich träume dem beginnenden Morgen entgegen. Ein hoher Spießer zieht 60, 70 Gänge entfernt von mir vertraut durch das Erlengehölz. Eine halbe Stunde kann ich ihn beobachten, bis er schließlich fortzieht.

Über Nacht hat sich der Sommer verabschiedet. Der Herbst zieht durch den Wald. Aus den Farben der Jahreszeiten und der Landschaft ist ein Monumentalgemälde entstanden. Manche Bäume haben, als Folge des trockenen Sommers, bereits sämtliche Blätter abgeworfen. Bei anderen erkennt man nicht die leiseste Ahnung des Herbstes.

Die Dürre der vergangenen Monate brachte auch Gutes: Es gibt kaum Pilzsucher im Wald, da nur wenig Pilze aus dem Waldboden gewachsen sind. Ich finde eine Krause Glucke, »Fette Henne«, wie wir sie in Niedersachsen nennen, sehe aber weder Stein- noch Birkenpilze, weder Pfifferlinge noch Maronen, Rotkappen, Reizker oder Champignons.

Schon lange rechne ich nicht mehr mit Wildanblick, doch getreu dem Ausspruch eines amerikanischen Philosophen »Geduld ist gezähmte Leidenschaft« bleibe ich sitzen, erfreue mich am Spiel der Lichter und Schatten, an den unzähligen Tautropfen und Spinnweben, den unterschiedlichen Laubfärbungen, dem Krakeelen eines Eichelhähers, dem Schimpfen eines Kleibers und am Ruf eines weit entfernt meldenden Hirsches.

Gänserufe dringen zu mir herunter. In großen, keilförmigen Formationen ziehen die Vögel gen Süden, der Winter ist nicht mehr fern.

Während ich mir ausmale, wie es gewesen wäre, wenn ich den Hirsch geschossen hätte, erscheint am Ende des Erlenholzes ein Stück Schwarzwild. Noch sehe ich nur den Rücken, doch dann verhofft es - frei, breit, bewegungslos.

Zu dieser vorgerückten Vormittagsstunde auf Schwarzwild zu treffen ist ungewöhnlich. Als ich durch das Glas schaue, zucke ich zusammen: Vor mir quält sich eine völlig abgekommene Sau durch das hohe Schilf. Der Unterkiefer pendelt kraftlos hin und her.

In Windeseile tausche ich Fernglas mit Büchse und schieße.

Als ich am späten Nachmittag wieder nach Hause fahre, denke ich kaum an den abnormen Hirsch und an die vielen Stunden, die ich ihm bei meinen Pirschgängen gewidmet habe. Mich beschäftigt das Glück, das ich hatte, etwas gutgemacht zu haben.

Fast vom Blitz erschlagen

Zwar ist es für mich, wie erwähnt, reizvoller, im Wald zu jagen, doch auch die Schalenwildjagd im Feld hat ihre Reize.

Nachdem meine Waldjagd bei Lüneburg an jemand anderes verpachtet wurde, beteiligte ich mich an einem Feldrevier mit starkem Rehwild sowie Unmengen von Gänsen und Enten. Die großen Schilfparzellen steckten voller Sauen. Als begeisterter Waldjäger wurde ich »Mitherrscher« über 1.300 Hektar Acker- und Ödland und wollte mich kapitalen Rehböcken widmen.

Das Revier war von meinem Mitpächter perfekt mit Ansitzeinrichtungen ausgestattet. An allen strategisch wichtigen Punkten standen Kanzeln oder Baumsitze. Da ich aber die Pirsch dem Ansitz vorziehe, tat ich mich in der fremden Umgebung schwer. Auf einer Leiter zu hocken und zu warten, bis ein Stück in Reichweite meiner Büchse kommt, widerstrebt mir. Die kopfstarken Rehwildsprünge in den deckungslosen, riesigen Schlägen anzukriechen war und ist eine ziemliche Herausforderung, die mich stattdessen reizte.

Einen Hochsitz in meinem neuen Revier schätzte ich besonders: die Hohe Warte. Er trug seinen Namen zu Recht, denn er war über zehn Meter hoch in eine knorrige Eiche gebaut, sehr stabil, mit weiter Sicht in drei Himmelsrichtungen. Egal, woher der Wind wehte, fast immer konnte man von der Hohen Warte aus Wild beobachten, unauffällig hinabsteigen und es im Schutz des Feldgehölzes angehen.

Ich hatte von dieser Leiter aus einen abnormen Bock ausgemacht und beeilte mich, ihn anzupirschen. Im Westen war eine schwarzblaue Wand aufgezogen, ein wunderschöner, aber auch bedrohlich wirkender Anblick, dort braute sich ein Gewitter zusammen. Die Stille vor dem Sturm war deutlich zu spüren. Die ersten Tropfen fielen bereits, und ich beschleunigte meine Pirsch, weil ich befürchtete, der Bock würde vor dem Regen in den Schutz des Feldgehölzes ziehen. Es wurde immer ungemütlicher, der Wind immer stärker, die alten Randbäume, unter denen ich entlangschlich, ächzten und stöhnten furchterregend.

Mittlerweile wurde es dunkel. Die schwarzen Wolken waren nun direkt über mir. Der aufkommende Sturm erleichterte aber meine Pirsch, und als die ersten Blitze am Himmel zuckten, war ich nahe genug und schoss. Den Büchsenknall hat kaum jemand gehört, er ging im rollenden Donner der Naturgewalten unter. Als ich beim Bock war, öffnete der Himmel seine Schleusen. Im Nu war ich nass bis auf die Haut. Es donnerte und blitzte ohne Unterlass. Ich verspürte wenig Lust, den Bock im strömenden Regen aufzubrechen, zog ihn zum Weg und wollte zurücklaufen, um das Auto zu holen. Da krachte es jählings besonders laut, und ein Blitz schlug in die alte Eiche ein. Genau dort hatte ich noch 15 Minuten zuvor gesessen.

Die Hohe Warte war nicht mehr. Im weiten Umkreis lagen ihre zersplitterten Teile verstreut auf dem Boden herum, und es roch nach Feuer. Die ewigen Jagdgründe blieben mir wieder einmal verschlossen.

Das Feld hat Augen

Beim ersten Gang in mein neues Revier erlegte ich nach einem wenig spannenden Ansitz einen Überläufer, wenige Tage später auf einem frisch gedrillten Maisacker, ebenso wenig spektakulär, den zweiten. Beide Male hatte ich die Spannung vermisst, die Jagen im Wald mit sich bringt, die Aufregungen und Ungewissheiten, die ein Waldrevier bereithält, und schloss vorschnell: Jagen in einem Feldrevier ist nicht so reizvoll wie im Wald.

Mit meiner Hündin Diva sitze ich im Juni nach starkem Regen am Rand eines Weizenfeldes auf dem Dreibein und hoffe, ein Bock würde das nasse Halmenmeer verlassen. Raps, Gerste und Roggen stehen so hoch, dass ich Wild in den Riesenschlägen kaum sehen kann.

Nachdem die untergehende Sonne versucht, sich durch die dichte dunkle Wolkendecke zu quälen, es am westlichen Horizont noch einmal etwas heller wird, erscheint, über dem Ährengewirr in der Mitte des Schlages,

Schwarzwild will clever überlistet werden – keine leichte Aufgabe!

ein länglicher Fleck, der sich beim Blick durchs Fernglas als Rücken einer Sau entpuppt.

Wenige Tage zuvor war ein Traktor mit einer Spritzmaschine im Schlepptau durch die Felder gefahren. Er wird nun zum willkommenen Jagdhelfer, hat breite Spuren, komfortable Pirschpfade, in die Frucht gewalzt, auf denen wir uns der Sau nähern können.

Zehn Minuten später sind wir rund 30 Meter von ihr entfernt, und ich bemerke zwei weitere Sauen, die sich, als gäbe es weit und breit keine Gefahren, am Weizen gütlich tun.

Da erscheint auf der Fahrspur ein Frischling. Er mag 15, vielleicht 20 Kilogramm schwer sein. Ich habe längst meine Büchse am Schießstock angestrichen, der Schuss fällt, der »Frosch« bricht in der Furche zusammen.

Nun geht mit Diva die Passion durch. Aus ihrer Warte konnte sie nicht sehen, was geschehen war. Lauthals rast sie davon, stürmt konfus hin und her, kommt verwirrt und mit schlechtem Gewissen zurück und setzt sich hechelnd neben mich.

Um uns herum ist das Feld in Aufruhr. Es rauscht und knackt zwischen den Halmen, mindestens zehn Sauen trollen grunzend, quietschend und blasend planlos um uns herum. Köpfe erscheinen über dem Getreide, tauchen unter, Schatten rasen die Furchen entlang, der Erdboden dröhnt, es herrscht heilloses Durcheinander. Die Schwarzkittel können nicht orten, woher Gefahr droht, wollen aber die schützende Deckung des Weizens nicht verlassen.

Diva ist genauso beeindruckt von dem Spektakel wie ich und starrt in das Tohuwabohu hinter, vor und neben uns, bis sich die Rotte in alle Himmelsrichtungen zerstreut und Ruhe eintritt.

Ich ziehe unsere Beute zum Weg, versorge sie und will das Auto holen, da gewahre ich in einem anderen Weizenschlag erneut die Rückenlinie einer Sau. Es ist aber zu dämmrig, um sie Erfolg versprechend anzugehen.

Am folgenden Abend haben wir wieder eine hautnahe Schwarzwildbegegnung im Weizen. Diva und ich hocken an dem besagten Feld, und ich erspähe, zu drei Viertel verdeckt, Sauen. Das Fernglas schafft Gewissheit, und ich bin mit meinem jagdlichen Ziehvater Mackerodt, der sich sein langes Jägerleben mit einem altersschwachen 6×30-Glas begnügte, ausnahmsweise einmal nicht einig, so eine »Sternwarte« ist für ein sicheres Ansprechen doch unverzichtbar. Drei Überläufer glaube ich zu erkennen. Sie fühlen sich in dem halbhohen Weizen sicher und naschen an den milchigen Ähren. Handschuhe übergestreift, Mückenschleier über den Kopf gezogen, und los geht's!

Der laue Abendwind steht günstig, weht unvermeidliche Geräusche unserer Pirsch in unsere Richtung. »Augenwind« nannten es die Alten. Zügig kommen wir dem Wild näher.

Die Überläufer bewegen sich unachtsam und schmatzend auf uns zu. Durch das Zielfernrohr kann ich sie, als sie 50 Gänge vor uns brechen, ansprechen, aber meine Geduld wird auf eine harte Probe gestellt. Alle drei erscheinen gleich stark, egal, welchen ich erlege, aber sie stehen so dicht beisammen, dass ich auf keinen schießen kann, ohne Gefahr zu laufen, einen Paketschuss zu fabrizieren.

Trotz der Kühle ist mir warm. Brille und Zielfernrohr beschlagen. Vorsichtig wische ich beide sauber und habe wieder klare Sicht. Dann sondert sich einer der drei ab und bricht rund 20 Gänge vor uns im Schuss zusammen.

Eine Viertelstunde später liege ich auf dem Rücken im Gras am Feldrand neben dem aufgebrochenen Keilerchen, verschränke die Hände hinter meinem Kopf, träume in den dunkler werdenden Abendhimmel und fühle mich im wahrsten Sinne des Wortes »sauwohl«.

Am folgenden Abend schleichen wir noch einmal an den Weizenschlägen entlang, und ich gewahre in der Mitte eines Feldes erneut eine Sau. In einer breiten Treckerspur pirschen Diva und ich das Stück in dem Ährenmeer gebückt an. Schritt für Schritt, Meter um Meter kommen wir näher.

Der Weizen reicht fast bis zur Hüfte, aber hinter mir steht ein dunkler Erlenstreifen, gegen den das Stück meine Silhouette nicht ausmachen kann.

Mit jedem Schritt, den wir uns nähern, kommt mir das Rauschen der an den Stiefeln entlangstreifenden Halme lauter vor, die Sau nimmt aber keine Notiz, ist selbstvergessen ins Fressen vertieft, nimmt uns nicht wahr.

Für einen Überläufer erscheint sie zu stark. Keiler? Bache? Frischlinge kann ich nicht ausmachen, auch kein Grunzen oder Quieken. Wir pirschen also noch näher. Etwa 30 Meter trennen uns schließlich noch voneinander.

Langsam gleitet die Büchse in Anschlag. Das Schwein füllt das gesamte Absehen im Zielfernrohr aus, aber sicheres Ansprechen ist unmöglich, ich getraue mich nicht, zu schießen.

Da! Leises Grunzen - Frischlinge! Die Sau erstarrt, keine Regung, kein Geräusch registriere ich, sehe lediglich einen Strich ihres Rückens. Eine knappe Minute lang scheint sich der Wildkörper nicht zu bewegen.

Ich habe bereits Bedenken, die Sau hätte mich bemerkt und sichert zu mir herüber, da wendet sie sich schmatzend und wechselt langsam auf

uns zu. Nun vernehme ich Gewusel einiger Frischlinge in unmittelbarer Nähe, kann aber keine Borste der Kleinen ausmachen.
Allmählich lässt das Büchsenlicht nach. Die Bache zieht neben der breiten Spurrille näher und näher. Zehn Meter, acht, sechs, da reitet mich der Teufel: Ich umfasse meinen Zielstock fester, und als uns noch vier Schritte trennen, mache ich zwei Sprünge in Richtung meines Gegenübers und schlage ihm mit dem Schießstock auf den Rücken.
Aus dem Weizen dringt erschrecktes Quieken, und laut blasend rauscht der Schwarzkittel, viele kleine Frischlinge im Schlepptau, davon.
Nicht nur im Wald, auch in den großen Weizenfeldern kann Jagen spannend sein. In der Regel ist die Waldjagd aufregender - aber es gibt, wie so meist, Ausnahmen von der Regel, und eine zweite Ausnahme in dem großen Feldrevier lässt nicht lange auf sich warten.

Hautnah: Sauen überlisten im Mais

Unter Anglern herrscht kein Zweifel darüber, welches die edelste Art des Angelns sei: das Fliegenfischen. Aber gibt es unter Jägern auch Unterschiede bei der Betrachtung edel oder nicht edel? Oft habe ich darüber nachgedacht. Für manche Jäger sind es Drückjagden. Da sind aber außer Glück und guten Schießleistungen kaum weitere jägerlichen Fähigkeiten vonnöten. Beim Ansitz ist es nicht anders. Für viele ist die Pirsch die Krone der Jagd. Aber die kleinen Reviere setzen Grenzen, es beschränkt sich dabei meistens darauf, Wege entlangzuschleichen.
Für mich ist das Ankriechen von Wild, sei es ein Rudel Rotwild, das vertraut zu seinem Tageseinstand zieht, oder seien es Sauen, die im Gebräch stehen, Rehe oder mausende Füchse auf einer Wiese, von den verbliebenen Jagdarten die reizvollste. Längst nicht immer erfolgreich, aber stets spannend ist auch das Überlisten von Sauen im Mais.
Mehrmals war ich bereits durch die Maisfelder gekrochen, um den zu Schaden gehenden Sauen auf die Schwarte zu rücken. Einmal hatte der Wind geküselt, ich hörte lediglich, wie »die Erzfeinde der Kultur«, wie Johann Wolfgang von Goethe Schwarzkittel bezeichnete, fortrauschten, sah aber keine einzige Borste. Bei einem weiteren Versuch zog eine Sau auf gefühlte zehn Gänge vor mir quer zu den Saatreihen, aber ich konnte sie nicht ansprechen.
Ich war mit meinem Latein und meinen Kräften ziemlich am Ende, als ich mit sauberen Läufen, aber schmutzig bis hinter die Teller wie eine Sau, die der Suhle entstiegen war, nach Hause kam. Doch Aufgeben kam nicht infrage, es musste doch möglich sein, einer Sau in dem Maisschlag habhaft zu werden.

Als ich Hund und Auto verlasse, weht es stramm aus Osten. So ist vorgegeben, von wo ich in den grünen Dschungel eindringe. Dass bei dem Wind ständig Bewegung durch die langen Blätter der Maisstauden fächelt, es ohne Pause raschelt, ist ein Vorteil für mich.
60, 70 Maisreihen quere ich, bis ich auf eine etwa fünf mal fünf Meter große Fläche stoße, auf der die Sauen gewütet haben. Stauden liegen platt gewalzt am Boden, daneben dunkelbraune Kolben, angebissen und zum Teil angefault, zum Teil leuchten mir goldgelbe reife Körner entgegen.
Vorsichtig setze ich mich auf den Hosenboden und spüre, wie die Feuchtigkeit durch die Kleidung bis zu meinem Allerwertesten dringt. Doch so angestrengt ich auch lausche, nur das monotone Raunen der zitternden Maispflanzen ist zu hören. Sauen müssten schon sehr nahe sein, um sie vernehmen zu können. Das Rascheln übertönt fast alle anderen Laute um mich herum, hat aber den Vorteil, dass mich die Schwarzkittel auch nicht so schnell wahrnehmen, und so krieche ich im Zeitlupentempo zwischen den Saatreihen Richtung Westen. Der Wind weht mir entgegen und verschluckt die Geräusche, wenn meine Kleidung an den Blättern und Halmen entlangstreift.
Die Spitzen der hohen Stauden wanken hin und her, aber nur kurz wandert mein Blick zum Himmel, wo mich ein jagender Turmfalke mit seinem »Kick, kick, kick« ablenkt. Für einen Augenblick erkenne ich den rüttelnden kleinen Jäger über mir, dann lässt er sich in rasantem Sturzflug zur Erde fallen, sodass ich ihn erst wiedersehe, als er mit einer Maus in den Fängen erneut Höhe gewinnt und mit seiner Beute abstreicht.
Ich konzentriere mich erneut auf den Erdboden, gehe in die Hocke und starre gegen eine braungrüne Wand.
In dem blanken, nassen Boden stehen zahllose Fährten, vor allem vom Schwarzwild, sowie Spuren und Geläufe. Gut sichtbar, denn kleine Kräuter und kurze Gräser finden hier durch menschlichen Eingriff kaum Lebensraum. »Falscher Ordnungssinn schadet der Natur ebenso wie übertriebenes Profitdenken«, überlege ich, als ich auf dem fast blanken Boden im Maisfeld sitze. Ich erinnere mich an eine Begebenheit im April, als die Tage länger wurden, die Sonne schon kräftiger schien und ich mit meinem Enkelsohn auf dem Rasen saß und dem kleinen Mann das vielfältige Leben in unserem Garten zeigte. Es krabbelte, summte und hüpfte, dass es eine Lust war, Studien zu treiben. Zahlreiche Fliegen, Käfer, Würmer, Motten, Maden und Mücken, Bienen, Schmetterlinge und Hummeln sowie allerlei anderes Getier sorgten für Abwechslung. Nachdem das Gras gemäht war, wurde es eintöniger, und als wir im

Juni wieder dort saßen, der Rasenmäher bereits mehrere Male über die Fläche gefahren war, war auch das Leben verschwunden. Vergeblich suchten wir nach den winzigen Bewohnern. Sie waren allesamt den scharfen Messern des Rasenmähers zum Opfer gefallen.

In weitem Umkreis bieten nur noch die riesigen Maisschläge Deckung für das Wild, bis in wenigen Tagen auch sie gemäht sind, die Stoppeln von Grubbern begraben werden und die Feldflur wieder kahl ist, deckungslos, so weit das Auge reicht.

Vorsichtig krieche ich vier Reihen weiter, lausche, starre, aber nur eintöniges Rascheln, nichts, was auf die Anwesenheit von Sauen hindeutet. Sonnenstrahlen finden ihren Weg durch das grüne Gewirr bis auf den Boden, lassen rötlich schimmernde Strünke, braune Kolben mit schwarzen Haarbüscheln und längliche grüne Blätter aufleuchten, bevor sich die Sonne wieder hinter dichten Wolken verbirgt.

Nach meiner Schätzung bin ich inzwischen bis in die Mitte des Feldes vorgedrungen, als ich erneut auf eine etwa 100 Quadratmeter messende Schadfläche stoße, mich auf den Hosenboden setze, warte und konzentriert versuche, Wild in der Nähe auszumachen.

Schließlich lege ich mich flach auf die Erde und kann unter dem Gewirr der Blätter einige Meter weiter sehen.

Eine halbe Stunde mag ich so regungslos gelegen haben, als sich rechts etwas regt, sich etwas anderes als behutsam und gleichmäßig hin- und herwogende Halme und Blätter bewegt.

Ich lasse die Stelle nicht aus den Augen. Da mache ich etwas Undefinierbares aus, das im Halbkreis näher kommt. Schließlich erkenne ich zwei Läufe, darüber eine dunkle Silhouette, die zu einem Schwein passen könnte. Schon ist das Phantom wieder fort.

Behält es die Richtung bei, müsste es nach knapp 20 Metern die Reihe, in der ich mich nun aufgesetzt habe, queren. Aber die Zwischenräume der Pflanzreihen sind schmal. Auch wenn die Sau verhoffen würde, wäre Ansprechen problematisch. Meine skeptischen Gedanken verfliegen, als hinter mir Quietschen ertönt. Offenbar balgen sich dort Frischlinge, sie anzusprechen wäre kein Problem.

Der Wind weht mir markante Schwarzwildwitterung in die Nase.

Vorsichtig biege ich zwei starke Halme zur Seite. Meine Vorsicht ist übertrieben, denn der Wind verschluckt fast alle Geräusche.

Plötzlich wuselt ein braunes Gebilde auf mich zu, das sich beim Näherkommen als Trupp von drei Frischlingen entpuppt. Deutlich kann ich die Unterhaltung des Trios vernehmen. Zufriedenes Grunzen verrät, dass sich die drei sicher fühlen.

Da flüchtet einer laut quietschend fort, verhofft mehrere Reihen rechts von mir, ist aber so verdeckt, dass ein Schuss unverantwortlich wäre.
Ein weiterer Kujel erscheint und zieht unbeeindruckt von dem Treiben der anderen, den Wurf tief am Boden, zu mir her. Bevor er in die Reihe wechselt, in der ich mit angehaltenem Atem, die Büchse in Anschlag, sitze, dreht er ab, verschwindet und sorgt dafür, dass sich meine Spannung wieder löst.
Während die anderen langsam fortziehen, ich sie noch schemenhaft erahnen, schließlich nicht mehr sehen kann, weil das grüne Gewirr aus Blättern, Rispen und Stängeln sie verschluckt, kommt leise grunzend Frischling Nummer drei zurück. Kurz steht er frei vor der grünen Wand, doch der Stachel der Optik kann kein klares Ziel erfassen, schon ist der Spuk im Schutz der Blätter wieder verschwunden.
Behutsam krieche ich nach rechts, um ihn vier Reihen weiter zu erwarten. Da erscheint der Wurf, und der schwache Wildkörper schiebt sich auf die schmale Schneise.
Als das Stück meine Reihe passieren will, mäusele ich. Im selben Moment verlässt das 8×57-Teilmantel-Rundkopf-Geschoss »mit Pulverrauch und Donnerhall« den Lauf meiner Waffe.
Wie vom Blitz getroffen bricht der etwa 25 Kilogramm schwere Frischling knapp 30 Meter vor mir zusammen, und nur das Rascheln der Maishalme im Wind ist noch zu hören.
Eine Woche später umkreisen zwei riesige Mähdrescher, gefolgt von einem Traktor mit zwei Anhängern, den fast 100 Hektar großen Schlag. Stunde um Stunde rollen sie mit ohrenbetäubendem Lärm in einer gewaltigen Staubwolke um das Feld herum. Immer enger ziehen sich die Kreise des PS-starken Treckers und bringen die Ernte ein. Sechs Jäger stehen in roten Warnwesten rings um die Fläche, um ebenfalls zu ernten. Ohne mich!
Schließlich - nur noch eine kleine Maisinsel steht - brechen Sauen aus. Schuss auf Schuss kracht. Groß war die Strecke bei der Erntejagd, klein war sie beim Robben durch den Dschungel.
Aber um so viel spannender ist die stundenlange Jagd, die anstrengende Kriecherei auf allen vieren im Vergleich zum stupiden Warten am Ackerrand, bis die Sauen schließlich in kopfloser Flucht vor den riesigen Maschinen ihre Deckung verlassen müssen und lediglich Schießkünste statt Jagdverstand gefordert sind.
Wahres Waidwerk habe ich beim Schuss auf den Frischling erlebt. Den hatte ich sozusagen mit der Fliege erlegt ...

Nur ganz kurz verhoffte dieser Schwarzkittel – und war kurz darauf verschwunden.

Auf der Jagd hat mich der Drilling nicht nur einmal überzeugt.

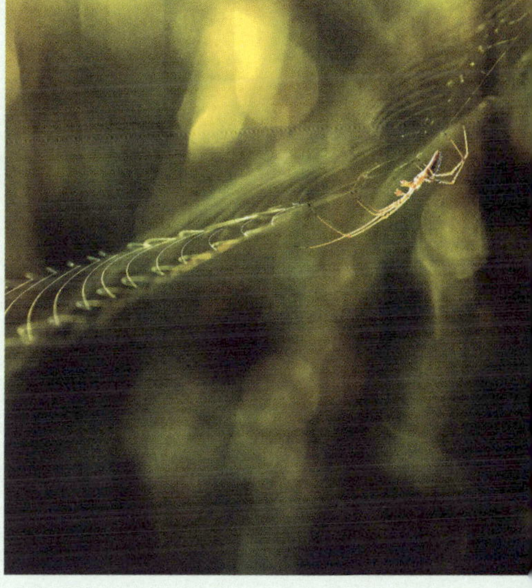

Bei genauerem Betrachten findet sich allerlei Getier links und rechts des Weges.

Waffen sind »Persönlichkeiten«

Meine Gewehre haben für mich so etwas wie eine Seele, erfahren meine höchste Wertschätzung.

Von Jugend an schieße ich fast ausschließlich mit Repetierbüchse oder Doppelflinte. Sie sind mir vertraut, und ich legte stets Wert darauf, dass auch meine Kinder möglichst oft damit auf dem Schießstand übten.

So kam es, dass mein wunderschöner Dreilauf, der Name wurde von Hermann Löns geprägt, ein Erbstück, wieder zu Ehren kam, nachdem er viele Jahre ein Schattendasein in meinem Waffenschrank geführt hatte.

Nach einer Ansitzdrückjagd im Forstamt eines Freundes änderte sich meine Einstellung zu dem kostbaren Gewehr gründlich:

Früh am Morgen erreiche ich wegen vereister Straßen den Treffpunkt erst, als die Signale »Sammeln« und »Begrüßung« längst verklungen sind und der Jagdherr seine Rede fast beendet hat.

Während »Aufbruch zur Jagd« geblasen wird, flitze ich zum Auto, fahre in die hohen Lederstiefel, werfe Pelzweste und Mantel über, reiße den Gewehrkoffer aus dem Wagen, öffne ihn - und erstarre: Statt auf meinen vertrauten Stutzen glotze ich auf die »unförmige« Hornet Matchbüchse meines Sohnes.

Ich entsinne mich, dass er mich um meinen stabilen Koffer gebeten hat, um darin seine Hornet zum Schießstand zu transportieren. Danach hat er allem Anschein nach vergessen, seine Waffe wieder mit meiner zu tauschen.

Den anderen Jagdgästen bleibt nicht verborgen, dass ich das schwere Gewehr zutage fördere. »Wenn du damit nicht Jagdkönig wirst!«, »Glaubst du wirklich, dass du hier im Wald so weit schießen musst?«, »Kannst du mir den Püster leihen, damit haue ich den stärksten Keiler auf 500 Meter um!« und andere Kommentare muss ich mir anhören. Der Jagdherr, Vater von fünf Kindern, hat Verständnis, besorgt mir eine Ersatzwaffe, und bevor die Jagd angeblasen ist, halte ich den Drilling eines Revierbeamten in meinen Händen.

Eine halbe Stunde später mache ich es mir auf dem dreibeinigen Ansitzbock bequem. Für 10.00 Uhr war das Schnallen der Hunde angesagt, genug Zeit, mich mit der Umgebung und der fremden Waffe vertraut zu machen. Zwei schmale Schneisen kann ich einsehen. Für Dubletten keine Chancen, ich führe ja »nur« einen Drilling. Den betrachte ich nun skeptisch, mache ein paar Anschlagübungen nach verschiedenen Seiten und stelle fest, dass mir die Waffe liegt.

Der hintere Abzug ist für den linken Schrotlauf, nicht der Stecher wie bei meiner Büchse, halte ich mir noch einmal vor. Dann lege ich das Gewehr

Während der Reizjagd auf den Fuchs – Meister Reineke verhofft.

auf meine Knie und lehne mich erwartungsvoll zurück. Der Himmel beginnt sich zu beziehen, reißt aber immer wieder auf, sodass die Sonne ihren Weg durch das kahle Wipfelgeäst findet und den Waldboden in einen glitzernden Teppich verzaubert.

Die Ruhe um mich herum währt nicht lange. Rascheln erklingt, erst leise, kaum wahrnehmbar, dann immer lauter werdend. Ein Eichhorn huscht in ruckartigen Sprüngen auf meinen Sitz zu, erklimmt blitzschnell die Leiter fast bis zur Hochsitzöffnung, springt auf den Stamm einer nahe stehenden Fichte und verschwindet dann so rasch, wie es gekommen ist. Heller Hundelaut nähert sich kurz darauf, entfernt sich wieder und kommt dann direkt auf mich zu. Krachen von Ästen und das Prasseln dürrer Zweige registriere ich noch in der Dickung auf meiner linken Seite, dann fliegt förmlich auf kaum 20 Gänge ein Fuchs über die Schneise. Im gleichen Augenblick aber fliegt auch der Drilling an Schulter und Wange. Bevor der Rotrock und der Drahthaar, der ihm folgt, die Schonung auf der anderen Seite der Schneise erreichen, habe ich Reineke im Absehen und drücke ab.

Statt zusammenzubrechen oder zumindest zu zeichnen, beschleunigt der Fuchs seinen Lauf und verschwindet. Noch lange höre ich den Hund auf der Spur des roten Schelmes giftig Laut geben, bis auch er sich in der Ferne verliert.

Es liegt nicht am Drilling, dass ich gepatzt habe, wird mir klar, als ich das Gewehr absetze. Ich habe die günstige, fast sichere Gelegenheit schlichtweg verschusselt, weil ich den Fuchs mit einem leichten Schrotschuss erbeuten wollte, den Drilling aber auf Kugel gestellt habe.

So wie beim Schießen mit meiner Querflinte auf flüchtiges Wild gewohnt, nämlich die Sicherung erst beim Hochnehmen der Waffe nach vorn zu schieben, wenn die Läufe bereits auf das Ziel zeigen, habe ich in der Eile routinemäßig den Hebel auf dem Kolbenhals des Drillings nach vorn gedrückt, den vorderen Abzug betätigt, da ich im Unterbewusstsein die Entfernung für einen nahen Schrotschuss registriert habe, und entsprechend den Schuss hingeworfen.

Nun nehme ich die blanke Messinghülse aus dem Lager des Kugellaufs. Ich hätte mich ohrfeigen können vor Wut und Enttäuschung.

Doch die miserable Stimmung hält nicht lange an. Ich erblicke nämlich für Momente einen weiteren Fuchs, der am Rand der Schneise, gegen das helle Gras gut sichtbar, zügig auf meinen Sitz zuschnürt. Die tief herabhängenden Zweige der niedrigen Randfichten geschickt als Deckung nutzend, kommt er schnell näher, verschwindet, taucht wieder auf, und kaum 30 Gänge entfernt erreichen ihn die Schrote aus dem linken Lauf des geliehenen Drillings. Eine hohe Flucht noch auf die Mitte der Schneise, und Reineke ist verendet.

Nachdem ich nachgeladen habe, lege ich den Drilling zufrieden auf die Kanzelbrüstung, vergrabe die Hände in den Manteltaschen und lehne mich entspannt zurück.

Es beginnt zu tauen, trotzdem ist die Kälte deutlich zu spüren. An den Douglasien zu meiner Linken glitzern helle, dicke Tropfen.

Es ist still um mich herum, aber nicht ruhig. Einmal beobachte ich, wie zwei Blaumeisen im Geäst einer Buche herumturnen, dann schimpft ein Kleiber, die zarten Klopftöne eines Buntspechtes klingeln an mein Ohr.

Noch eine halbe Stunde bis zum Abblasen zeigt der Blick auf die Uhr, als auf der rechten Schneise eine Ricke erscheint. Ihr folgt dicht auf ein Kitz. Auf 60 Gänge verhoffen die beiden, der Nachwuchs bricht im Feuer zusammen, die Geiß springt ab.

Flink ist der Drilling nachgeladen.

Gerade will ich mir meine Beute durch das Zielfernrohr nahe heranholen und betrachten, als auf der Nachbarschneise, nur etwa 15 Meter von meinem Sitz entfernt, wieder die Ricke erscheint.

Behutsam schwenken drei Laufmündungen in ihre Richtung. Von dem Ansitzbock fällt der vierte Schuss des Morgens, und mir wird klar, dass so ein Drilling doch ein ganz passabler und praktischer Begleiter ist.

In drei Stunden auf einem dreibeinigen Sitz und mit drei geliehenen Läufen drei Stück Wild erlegt – die Zahl Drei hat mir Glück gebracht!

Superdublette

Als Folge dieser Jagd führe ich meinen eigenen Drilling nun öfter als früher, und er hat mir seitdem vielfache Jagdfreuden geschenkt. Auch wenn mir mit ihm noch keine Triplette gelungen ist, für drei Stücke (oder mehr) auf einer Treib- oder Drückjagd hat es bereits mehrmals gereicht. Und meinem mittlerweile sehr geliebten Erbstück verdanke ich eine besondere, mir unvergessliche, da wohl einmalige Dublette.

Bei meinem Freund Hammerschmidt schoss ich auf einer Drückjagd im dichten Gestrüpp einen Überläufer. Just in dem Moment, in dem der Schuss fiel und der beschossene Kujel schnurstracks im dicken Bewuchs verschwand, stieg unter lautem Gejohle der Treiber eine Schnepfe auf und strich auf mich zu.

Die Läufe des Drillings fuhren mit, und im Schuss sah ich den Vogel mit dem langen Gesicht vom Himmel stürzen.

Welche Überraschung für die passionierten Treiber, als sie die Schnepfe fanden und dann auf den etwa 20 Meter entfernt zusammengebrochenen Überläufer stießen, der sich vorher so geschickt gedrückt hatte, dass er von den eifrigen Helfern nicht bemerkt worden war.

Viele gemeinsam erlebte Erfolge wie auch durchgemachte Enttäuschungen verbinden mich mit meinem Dreilauf, ja haben uns zu einem unzertrennlichen Team zusammengeschweißt.

Jagd auf den Geisterbock

Nach der politischen Wende, nach dem Fall der unseligen Mauer zwischen Ost- und Westberlin, der Grenze mit Stacheldraht und Todesstreifen zwischen der DDR und der Bundesrepublik, war ich mehr als drei Dutzend Mal mit meinem Freund Hubertus Moll in Masuren. Ich liebe Ostpreußen mit seinen dunklen Wäldern und kristallenen Seen. In den einsamen, endlos erscheinenden Kiefernwäldern habe ich unzählige Male auf Rot-, Schwarz- und Rehwild gejagt.

Das Gold riesiger Rapsfelder leuchtet links und rechts der Straßen. Auf noch braunen Äckern liegt ein grüner Schimmer, sprießen zarte Maispflanzen, als wir wieder nach Masuren fahren.

Die strahlenden Farben in Feld und Flur vermitteln Aufbruch und Optimismus für das neue Jagdjahr. In den Wäldern bedecken im Schatten der Buchen und Eichen Maiglöckchen den Waldboden wie ein weißer Teppich. Während Birken und Buchen belaubt sind, halten sich Eichen und Espen noch zurück, sie schmückt lediglich ein grünlicher Glanz.

»Habben gutte Superbock gesähen«, empfängt mich Marek, der meine Vorliebe für abnorme Trophäen kennt. »Hat sich Gehörn abnormal, drei Stangen«, dabei hält er seinen Mittel- und Zeigefinger sowie den Daumen hoch und betont noch einmal: »Drei Stangen!«

Der nächste Morgen ist frisch. Wir pirschen zu einer sumpfigen, von Kiefernaltholz begrenzten Freifläche. Um die ehemals kleine Wiese, die schon viele Jahre nicht mehr beweidet oder bearbeitet wurde, hat sich wie ein gelber Kranz ein Wald aus Löwenzahn gelegt.

Am Rand stehen Haselbüsche, einer kerzengerader als der andere, jeder einzelne kleine Stamm wie geschaffen für einen Schießstock.

»Großes Bock immer hier«, flüstert Marek, als wir die Umgebung durch die Ferngläser ableuchten, aber wir entdecken lediglich eine zottelige Ricke auf einer sonnengelben Löwenzahninsel, und am Rand äst ein Jährlingsbock. Offenbar hat er nie Menschen gesehen, noch nicht die Gefahren begriffen, die von Zweibeinern ausgehen. Auf zehn Gänge lässt uns der Jüngling herankommen, bevor er fortzieht.

Kuckuck und Singdrossel untermalen den kühlen Morgen akustisch, andere gefiederte Sänger schweigen diskret, als wir uns fortstehlen, um andere »rehwildträchtige« Stellen aufzusuchen. Kommentar von Marek: »Bock schlaffen!«

Auf leisen Sohlen geht es zu einer Windwurffläche, dann zu einer Blöße im Kiefernwald, danach statten wir einer Wildnis aus Erlen und Brennnesseln einen Besuch ab, und schließlich stehen wir an einer weit einsehbaren Heidefläche, aber es ist kaum Rehwild auf den Läufen.

Immer wieder kommen Erinnerungen an Jagdtage vergangener Jahre auf. Hier habe ich geblattet, dort einen Hirsch geschossen, einen guten Keiler gesehen oder einen Rehbock überlistet.

Bevor wir unsere Morgenpirsch beschließen, pirschen wir noch einmal zum Einstand des Dreistangigen. Kein Wild, kein Lebewesen weit und breit, selbst die Nachtigallen bleiben stumm. Das Brutgeschäft ist beendet, und wenn die Jungen geschlüpft sind, hat der Vogelvater wenig Zeit zum Singen, um sein Revier gegen Rivalen abzugrenzen.

»Bock schlaffen«, raunt Marek, zuckt mit den Schultern, und damit beenden wir unseren morgendlichen Ausgang.

An den folgenden Tagen schleichen wir bei Anbruch des Tages als Erstes zu der sumpfigen Wiese, wo der ominöse Rehbock angeblich mehrmals beobachtet wurde, und am Ende unserer Pirsch statten wir der Fläche erneut einen Besuch ab.

Zu Beginn jeder Abendpirsch ziehen wir ebenfalls dorthin und harren bis zur Dunkelheit, bis der Kuckuck verstummt und Schnepfen über uns quorren. Vergeblich, wir sehen kein Wild, der stereotyp wiederholte Kommentar meines Jagdführers »Bock schlaffen« beginnt zu nerven.

Drei Tage lang schleichen wir zweimal morgens, zweimal abends, insgesamt also zwölfmal, zu der kleinen Fläche, und ebenso oft werde ich beschwichtigt: »Bock schlaffen!«

Zwei hochbeschlagene Ricken, ein Schmalreh, ein Jährling, Kraniche und ein Fischotter haben uns währenddessen die Zeit vertrieben, aber wir bekamen kein Haar des »Geisterbocks« zu Gesicht. In mir kommt die Vermutung auf, er sei ein Hirngespinst von Marek. »So viel kann ein Rehbock gar nicht schlafen«, überlege ich. Schließlich muss er in dem ihm vorgegebenen Lebensrhythmus Nahrung suchen, äsen, wiederkäuen und Ruhen einhalten. »Sollte er immer, wenn wir kommen, schlafen, müssen wir zu einer anderen Tageszeit nach ihm schauen«, schlage ich deshalb am vierten Tag ungeduldig vor.

Skepsis bei den Jagdführern. Sie müssen schließlich, nachdem sie gegen vier Uhr aus den Federn gekrochen sind, um uns zu führen, ihren anstrengenden Forstdienst absolvieren, während wir Gastjäger uns erholen können. Doch ich kann mich durchsetzen. Am nächsten Tag rollt der Wagen gegen 15.00 Uhr Richtung Wiese.

Rund einen halben Kilometer vorher lassen wir ihn stehen und schleichen, begleitet vom Flöten eines Pirols, zu der Fläche. Tatsächlich, dort, zwischen abgestorbenen Rohrkolben, Röhricht und Binsen, steht ein Bock, und - unglaublich - es ist der Abnorme! Während wir uns nähern, zieht er gemächlich zum Rand der Freifläche auf der anderen Seite, verhofft und wechselt aufreizend langsam in den Hochwald. Kurz sehe ich es noch einmal rot aufleuchten, dann wird er von den Baumstämmen endgültig verschluckt.

Marek und ich schauen uns an, sind uns, ohne ein Wort zu wechseln, einig und folgen dem Reh in den Schutz des Altholzes.

»Böh, böh!«, hallt es da aus dem Wald, und noch einmal erklingt das »Böh, böh, böh!«. Für einen Moment sehen wir etwas Rotes im Bestand, das rasch zwischen den orange schimmernden Kiefernstämmen verschwindet. Die Laute bewegen sich fort, verraten aber den Standort des Wildes. Im Zeitlupentempo folgen wir dem ärgerlichen Schrecken.

Zweimal noch schallt es »Böh, böh!« durch den Wald, dann ist es endgültig still, der Rehbock hat sich beruhigt. Aufmerksam pirschen wir weiter, doch so angestrengt wir auch umherspähen, als wir uns dem vermeintlichen Standort nähern, mit bloßen Augen, dann das Fernglas zu Hilfe nehmend: Weit und breit ist kein Lebewesen zu entdecken.

Da! Wieder Schrecken. Die Unmutsäußerungen kommen von überallher. Der Bock zieht erst ostwärts, macht dann kehrt, wechselt nach Süden von uns fort, ist immer in Bewegung, verhält nie, um zu äsen oder zu sichern.

Wenn Diva doch nur erzählen könnte …

Der Kranich fasziniert als Vogel des Glücks und symbolisiert Klugheit.

Fischotter sind ans Wasserleben angepasste Marder und ausgezeichnete Schwimmer.

Endlich erlegte ich nach mehreren Pirschgängen diesen Dreistangen-Bock.

Der Wind rauscht in den Kronen der hohen Kiefern. Das Raunen schwillt an, wird wieder leiser und wird unterbrochen von dem Rufen vorüberrudernder Kraniche.

Wir haben uns bereits 300, 400 Meter von der Wiese Richtung Süden entfernt, tasten uns gespannt weiter durch den Altholzbestand, bleiben nach fünf, sechs Schritten stehen, und ich leuchte, um unnötige Bewegungen zu vermeiden, durch das Zielfernrohr vorsichtig die Umgebung ab.

Ein leichter Windhauch weht uns entgegen.

Da stellt Marek die Zielhilfe vor mir auf, bedeutet mir aufgeregt, die Büchse daraufzulegen, weist mit gespitzten Lippen nach links, aber ich sehe kein Wild, kann nichts Auffälliges entdecken. Mein Begleiter flüstert ärgerlich einige unverständliche Worte und klappt das Dreibein wieder zusammen.

Kurz darauf zieht etwa 40 Meter halb links ein Reh durch das hellgrüne Heidelbeerkraut. Ein schneller Blick zu Marek, der schaut gerade nach rechts, und ehe ich ihn aufmerksam machen kann, ist das Stück erneut verschwunden.

Behutsam schlängeln wir uns weiter. Vorsichtig Fuß vor Fuß setzend, meine Blicke streifen ständig über den Boden, von dort nach links und rechts in die Umgebung und wieder zurück, schleichen wir nach dort, wo der Bock kurz auf- und wieder abgetaucht war.

Der Boden ist feucht, ermöglicht fast lautloses Pirschen, zumal sich unter dem kniehohen, zarten Heidelbeerkraut kaum trockenes Gezweig oder Kienäpfel verbergen. Streifen die Schäfte der Gummistiefel an dem weichen Kraut entlang, sind die Geräusche kaum zu vernehmen.

Die jungfräulichen Blätter der Buchen und Birken haben dieselbe frische Färbung wie die Heidelbeersträucher, und der sonst schwermütig wirkende Kiefernwald erscheint durch das helle, intensive Grün heiter und freundlich. Einige der jungen Bäume sind bis in über zwei Meter Höhe von Elchen verbissen, geschält oder abgeknickt, bei anderen lassen tief hängende belaubte Zweige kaum Sicht zu, lediglich 20, 30 Meter kann ich in den Bestand einsehen.

Fliegen surren, verschwinden, als eine leichte Bö aufkommt, kehren aber, nach wenigen Lidschlägen so schlagartig, wie sie fortgeflogen sind, zurück und krabbeln störend über Gesicht und Hände. Die Plagegeister werden lästiger, je weiter wir in den Bestand vordringen und je weniger Wind zu spüren ist. Immer wieder täuschen irritierende Licht- und Schatteneffekte Wild vor, geben unserer lautlosen Pirsch einen erhabenen Reiz, machen sie besonders spannend.

Spärliches Sonnenlicht tanzt in zitternden Ringen durch die Lücken der Baumkronen über den Waldboden, huscht glänzend über sattgrüne Moospolster und braunes Wurzelwerk dahin.
Dann wird der Bestand lichter. In dem durchforsteten Stangenholz ist es kühler. Wo die Bäume keine dichten Kronen gebildet haben, dringen die Strahlen der Sonne bis auf den braunen, trockenen Waldboden, wandern mal langsam und stetig, mal ruckweise und schnell auf dem Nadelteppich entlang, je nach Stärke des Windes und Bewegung der Zweige in den Wipfeln. Bei der diffusen Beleuchtung und gegen den unruhigen Hintergrund ist ein Reh schwer auszumachen.
Wachsam, immer auf der Hut pirschen wir weiter, um nach wenigen kurzen Schritten erneut zu verharren und konzentriert mit dem Glas die Umgebung zu mustern. Hinter jedem der vielen Stämme kann sich der Bock verbergen.
Als ich nach drei zögernden Schritten erneut mit dem Achtfachen den Bestand abtaste, habe ich ein Reh im Glas - den Heißersehnten! 70, vielleicht auch 80 Gänge entfernt, hat er uns nicht bemerkt, sichert in die entgegengesetzte Richtung, äugt kurz zu den regungslos verharrenden Zweibeinern und zieht weiter.
Unter dem Schirm der alten Kiefern haben sich Fichten ausgesamt, die helle Triebe geschoben haben. Sie geben dem Bock auf längeren Strecken Schutz.
Sonnenstrahlen fallen in schrägen Bahnen durch das Geäst der Baumkronen auf den Boden. Zieht der Bock in eine solche Gasse, flammt seine Decke rotbraun auf, und in ständigem Wechsel von Schatten und Licht verschwindet er schließlich wieder zwischen den hohen Stämmen, ohne dass ich schießen kann. Schritt für Schritt pirschen wir hinterher. Unsere Geduld wird erneut auf eine harte Probe gestellt.
Ein schwarzer Vogel mit leuchtend kaminrotem Schopf streicht heran, fußt an einer trockenen Fichte und bearbeitet sie, dass die Späne fliegen. Weit hallt das Klopfen des Schwarzspechtes durch das Stangenholz.
Bis zu 18 Mal pro Sekunde können Spechte mit ihrem Schnabel gegen einen hohlen Stamm hämmern, wenn sie Signale an die Umwelt, an Partner oder Rivalen aussenden. »Ob Naturvölker von diesen Vögeln die Trommelsprache abgelauscht und übernommen haben?«, sinniere ich. Da streicht der Vogel davon und wird im Nu von den alten, dicht beieinanderstehenden Baumkronen verschluckt. Meine Konzentration richtet sich wieder auf den Abnormen.
Und dann steht er ungefähr 50 Meter vor uns scheibenbreit zwischen zwei dicken Kiefern. Mit bloßem Auge erkenne ich, dass das Gehörn

nicht »normal« ist. Leise zische ich, um Marek aufmerksam zu machen. Kurzer Blickaustausch, Schulterzucken, mein Führer steht zwei Meter neben mir, für ihn ist er verdeckt. Ich habe die Büchse von der Schulter genommen, carpe momentum, will den Augenblick nutzen, doch das Absehen will nicht ruhig auf dem Wildkörper verharren, Jagdfieber schüttelt mich. Mein Gegenüber nimmt mir schließlich die Entscheidung ab und taucht ein in einen undurchsichtigen Horst aus Traubenkirschen, so dicht, dass wir nicht direkt folgen können, ohne beträchtlichen Lärm zu machen. Als wir das Gebüsch fast umrundet haben, sehen wir ihn abermals von jungen Fichten verdeckt, dann steht er kaum mehr als 30 Schritte vor uns. Regungslos, wie die viel zitierte Salzsäule, starren wir uns an, doch schon zieht der Dreistangige fort, ist erneut unsichtbar.

Suche nach einem Unsichtbaren Gut 70 Gänge weit können wir sehen, doch der Abnorme scheint wie vom Erdboden verschluckt.

Vorsichtig wende ich mich Marek zu. Der zuckt mit den Schultern. Er will nach Hause, sich nicht länger an der Nase herumführen lassen, doch ich schüttele den Kopf, will nicht aufgeben.

Schritt um Schritt, nach allen Richtungen gespannt Ausschau haltend, tasten wir uns weiter, erforschen mit den Augen, wohin wir unsere Füße setzen können, schieben vorsichtig mit der Stiefelspitze Zweige fort, bücken uns, um leise einen Ast, an dem wir nicht ohne verräterische Geräusche vorbeikommen, beiseitezuziehen, verharren immer wieder regungslos, drehen nur unsere Köpfe mit den Gläsern vor den Augen im Zeitlupentempo von links nach rechts, von rechts nach links, aber weit und breit ist kein Bock auszumachen.

Plötzlich bleibt mein Blick an etwas »Rotgrauem« hängen. Unhörbar gleitet der Schaft der Büchse vor die Schulter, die Mündung des Gewehrlaufs schwingt langsam in die Richtung der »verdächtigen« Stelle, und im Zielglas erscheint ein Stück Rehdecke. Nach einigem Zirkeln erkenne ich auch ein Reh. Es hat sich niedergetan, döst wenig aufmerksam vor sich hin und genießt, das Gesicht abgewandt, die Abendsonne.

Auf dem weichen Moos kann ich mir erlauben, einige Schritte näher zu pirschen, da bricht ein Zweig unter meinen Füßen. Das Stück, es ist der Ersehnte, dreht das Haupt, sichert starr zu uns her. Obwohl wir über 80 Gänge entfernt stehen, regungslos, angewurzelt wie ein Baum, haben wir sein Misstrauen erweckt. Ruckartig wird er hoch, tritt nervös von einem Vorderlauf auf den anderen und wechselt zielstrebig in Richtung der versumpften Wiese. Marek ergreift meinen Arm, bedeutet mir mit einer Kopfbewegung, ihm auf dem Weg, den wir gekommen sind, zu folgen, und geht los.

Abnorme Trophäen waren schon immer meine Leidenschaft.

Nach etwa 200 Gängen eiliger Pirsch sehen wir den Bock rund 100 Meter links von uns. Nur einen Moment ist er sichtbar, wie er parallel zu uns zur nassen Fläche zieht.

Nach einer ermüdenden knappen Viertelstunde und weiteren 100 oder besser zehn mal zehn Schritten schimmert die Wiese zwischen dunklen Fichtenstämmen zu uns herüber. Vorsichtig wandern die Okulare unserer Ferngläser wieder vor die Augen. Mitten auf der Fläche äst der Rehbock im letzten Licht der untergehenden Sonne.

Ungefähr 30 Meter pirsche ich noch bis an die Grenze des Bestandes, dann streiche ich mit der Büchse an einer Kiefer an. Sechs, sieben tiefe Atemzüge muss ich warten, bis er verhofft, breit steht und ich ihn groß und klar im Absehen meines vierfachen Zielfernrohres habe.

Als das Fadenkreuz auf das Blatt zeigt, entweiht der laute Knall meines Büchsenschusses die feierliche Stille des Waldes.

Der Dreistangige macht drei abgehackte Fluchten, verhofft mit krummem Rücken und bricht dann zusammen. Ich warte nur wenige Minuten, stolpere durch Binsen und Schilf, springe von einer Bülte zur nächsten und knie dann im Gras zwischen gelb leuchtenden Sumpfdotterblumen

und mattweißer Schafgarbe vor meinem Dreistangen-Bock. Nur wenige Meter entfernt von der Stelle, wo ich ihn das erste Mal gesehen habe, ist er verendet.
Die doppelt Handbreit lange dritte Stange ist aus der Rose, nicht, wie ich durch das Fernglas angesprochen hatte, aus dem Rosenstock gewachsen. Voller Ehrfurcht, aber auch Wehmut streifen meine Blicke das bizarre Gehörn.
Neben verdorrten Rohrkolben und absterbendem Schilf sitzen wir dann auf moderndem Gras dankbar neben dem Alten, und jede Minute wird mir zur Sternstunde.
Nach sechs Tagen bin ich am Ziel meiner Wünsche und weiß, eines werde ich gewiss vermissen: das Jagen nach diesem »Phantom«.
Als wir die ersten Male an die Moorwiese kamen, ich von seiner Anwesenheit nicht überzeugt war, vielmehr Mareks Aussagen misstraute, war sie umsäumt mit leuchtendem Löwenzahn und strahlendem Ginster. Nun sind die gelben Ginsterblüten schlichten grünen Samenschoten gewichen, die goldenen Butterblumen haben sich in silbrige Pusteblumen verwandelt. Wohin ich auch schaue, entdecke ich Zeichen und Zeugen für die Vergänglichkeit des Lebens, während wir bei unserer Beute verharren, bis die Dämmerung die Sicht verkürzt, der Gesang der Singdrossel und der Ruf des Kuckucks von Schnepfen und dem letzten Zetern der Amseln abgelöst werden.

Hamlet lässt grüßen – Jagd oder Nichtjagd, das ist hier die Frage!

Deutschland ist ein Land der Eingrenzungen. Friedhofs-, Weide-, Wild-, Wolfs-, Garten-, Autobahn-, Bau- und Elektrozäune. Nirgendwo anders bin ich in freier Natur auf so viele Zäune gestoßen, und ich bin mir mitunter nicht sicher, ob Wild gerade ein- oder ausgesperrt wird.
Suspekt sind mir sogenannte Jagdgatter, von einem Zaun umschlossene Gebiete, in denen ein isolierter Wildbestand »bewirtschaftet« wird. Solche Gehege haben nach meinem Empfinden mit Jagd nichts gemein, es sei denn, die Fläche ist mehrere Tausend Hektar groß.
»Jagen bedeutet das Aufspüren, Nachstellen, Fangen und Erlegen von wild lebenden Tieren in freier Wildbahn«, so habe ich es als Begriffsbestimmung für das edle Waidwerk gelernt.
Das Wort »Gatterjagd« ist ein Widerspruch in sich. Im Gatter kann der Definition zufolge keine wirkliche Jagd stattfinden, lediglich Fleischgewinnung oder Schießvergnügen. In einem Zaun eingepferchte Tiere können nur abgeschossen, nicht bejagt werden.
Im Gatter bräuchte es keine Jagd-, sondern nur eine Schießprüfung.

Zwar geht es nicht artgerecht gehaltenen Haustieren schlechter als Wildtieren in gut geführten Gehegen, in denen mitunter waidmännischer gejagt wird als außerhalb, aber umgekehrt gilt das ebenso.
Ein Prinzip nachhaltiger Jagd besagt, dass sie sich an dem Verfolgen von in freier Wildbahn selbst reproduzierenden Wildpopulationen orientiert, die die Möglichkeit haben müssen zu entkommen. Ist Jagd also das Erlegen von wild lebenden, nicht eingesperrten Tieren, darf folglich das Abschießen von ganzjährig in umfriedeten Bezirken gehaltenen Tieren nicht als Jagd bezeichnet werden. Es handelt sich lediglich um Töten mit jagdähnlichem Charakter, eine legale Landnutzung, die mit Jagd im eigentlichen Sinn nichts gemein hat - wo der Zaun anfängt, hört die Jagd auf.
Wir Jäger sollten uns davon distanzieren und den irreführenden Ausdruck »Gatterjagd« tunlichst vermeiden, besser noch aus unserem Wortschatz streichen.
Sosehr ich auch oft gegen Gatterjagden gewettert habe, in den Solling, in den Reinhardswald oder in den Saupark in Springe ließ ich mich allerdings dennoch einladen. Ich akzeptierte, es sind respektive waren Reviere mit jahrhundertelanger Tradition, eine der ältesten jagdkulturellen Entwicklungen.
Was für das Jagen im Gatter gilt, gilt auch für den Abschuss von in Volieren aufgezogenen Enten, Fasanen und anderen bedauernswerten Kreaturen, die ausgewildert werden, um als Flintenfutter, lebende Zielscheiben zu dienen. Auch ich habe an solchen Schießveranstaltungen teilgenommen, buche sie aber nicht unter Jagd, sondern Schießsport und lehne sie inzwischen ab. Heute erlaube ich mir, auch bei der Jagd dem Zeitgeist nicht zu schmeicheln.

Jagen in guter Gesellschaft - Jagd mit Gschmäckle

Wenn ich zu einer Jagd eingeladen werde, bin ich normalerweise nicht wählerisch. Als mich ein Freund, selbst ohne Revier, zu einer Drückjagd auf Sauen einlud, sagte ich freudig zu, wurde dann aber misstrauisch. Er wollte nämlich sich, und vor allem seinen Freunden, zu seinem 65. Geburtstag etwas Besonderes bieten, hatte in einem »repräsentativen Sauenrevier«, wie es in der Einladung vermerkt war, ebendiese Drückjagd mit anschließendem festlichem Essen, zu dem auch die Damen geladen waren, organisieren lassen. Wie ich hörte, war eine feste Anzahl an Abschüssen im Voraus gebucht und bezahlt worden, daher erhielt die Veranstaltung für mich einen scheelen Beigeschmack.
Es war mir bereits suspekt, dass ich während der Begrüßung durch den Jagdleiter der Einzige war, der einen Hund an seiner Seite führen

würde. »Eigentlich sehen wir nicht gerne, dass die Schützen ihren Hund mit zum Ansitz nehmen«, äußerte ein Jagdhelfer mit Blick auf meine Bayerische Gebirgsschweißhündin.

Oft werde ich nur wegen meiner Hündin Diva zur Jagd eingeladen. Sie macht ihrem Namen wirklich alle Ehre, aber es stimmt nicht, dass sie, wie böse Stimmen behaupten, erst ab einem Kronenzwölfer mit der Arbeit beginnt. Mein Sohn behauptet sogar: »Die Hündin meines Vaters hat in ihrem Leben mehr und erfolgreicher gearbeitet als ihr Herr!« Darauf habe ich nie reagiert. Auf jeden Fall wurde ich misstrauisch, begann zu grübeln, zu welch seltsamer Jagd ich hier wohl eingeladen worden war, einer Jagd, auf der Hunde unerwünscht sind.

Als Nächstes machte mich die Freigabe stutzig. »Wir jagen ausschließlich auf Schwarzwild, möglichst keine führenden Bachen.« Bevor ich wegen des »möglichst« nachfragen konnte, wurde bereits »Aufbruch zur Jagd« geblasen, und der Mann, der mich angestellt hatte, meinte, als er mich zu meinem Sitz führte: »Nicht lange fackeln, schießen Sie, was kommt, seien Sie nicht kleinlich, es ist von allem genügend da, halten Sie sich nicht mit dem Ansprechen auf.«

Der Wagen stoppte, der Mann zeigte auf einen geharkten Pirschpfad, flüsterte, dass etwa 100 Meter hinter der nächsten Biegung mein Ansitzbock stünde, dann war ich mit meiner passionierten Jagdbegleiterin allein. Erwartungsvoll leinte ich sie an und stiefelte los.

Mein Ziel war nicht zu verfehlen. In leuchtend roter Signalfarbe war die Nummer 38 an die Bäume gesprayt, und an dem neuen Ansitzbock prangte die 38 an allen vier Außenseiten.

Als ich den Hund abgelegt und die fünf Sprossen erklommen hatte, konnte ich es mir wirklich bequem machen. Allerlei Kunststoffunterlagen, um die Sitzhöhe zu regulieren, drei schmale Holzleisten als Armstützen und zwei gefüllte Sandsäcke, um meinem Gewehr eine sichere Auflage zu bieten, garantierten ungewohnten Komfort.

Der Fußboden war mit Teppich ausgelegt und gefegt. Kein raschelndes Blatt, kein knisterndes Gezweig konnte mich verraten. Der Kanzelkonstrukteur hatte an alles gedacht, größten Wert auf Annehmlichkeiten bei der Ausstattung dieser Reviereinrichtung gelegt.

Ich malte mir aus, wie eine Rotte in guter Schussentfernung prasselnd durch das Herbstlaub und über eine der beiden acht bis zehn Meter breiten Schneisen flüchtete, machte ganz behutsam, weil ja stets Wild in der Nähe stehen konnte, in alle vier Himmelsrichtungen Anschlagübungen, obwohl weder links noch rechts noch hinter mir freies Schussfeld war, und ließ mich auf der bequemen Holzbank nieder.

Meine treue Jagdgefährtin Diva
ist stets an meiner Seite.

»Auf diesem Stand müssen sich unsere Gäste immer erst einschießen«, hatte der dienstbare Geist von der Verwaltung bei der Einweisung noch erklärt, bevor er mich verließ. Nun weiß ich, was er damit gemeint hatte. Ich brauchte auch nicht lange zu warten, bis mehrere Schwarzkittel über den Weg trollten. Zwar konnte ich sie schon sehen, bevor sie die Schneise kreuzten, war auch durch meinen Hund vorgewarnt, aber schießen konnte ich nicht. Es war ein einziges Knäuel aus schwarzen und braunen Wildkörpern, das den Weg überfiel.
Kaum fünf Minuten waren vergangen, da erschien auf demselben Wechsel die nächste Rotte. Sie kam in einer derartigen Geschwindigkeit, die einzelnen Stücke flogen förmlich über die Schneise, dass ich die Waffe resignierend sinken ließ. Mir wurde klar, was der Mann beim Anstellen meinte, als er mir sagte, dass sich die Gäste stets erst einschießen müssten.
Kaum saß ich wieder, merkte ich am Verhalten meiner Hündin, dass erneut Wild in der Nähe war. Während ich mich erhob, überfielen mehrere Sauen den Weg, genau dort, wo wenige Minuten zuvor die andere Rotte verschwand. Das Gros war bereits wieder in Deckung, als plötzlich ein Nachzügler erschien. Doch ich war abermals zu langsam bzw. zu schnell:

Eine Drückjagd verlangt Jägern, Hundeführern und Hunden einiges ab.

Nach dem Schuss sah ich, wie das Geschoss vor dem Frischling in den Boden drang und Erde aufspritzte. Vorbei, wie sich nachfolgend bei der Anschusskontrolle herausstellte.

Dann trollte ein einzelnes Stück über den Weg, so langsam, dass es kaum zu fehlen gewesen wäre, aber wiederum so zügig, dass ich erst am Rand des Weges, kurz bevor die Fichten es wieder in ihren Schutz aufnahm, erkannte, dass es ein älterer Keiler war. Zu spät. Durch meine Vorsicht, mein Zögern hatte ich die nächste Chance vertan.

»Man darf sich in diesem Revier nicht mit dem Ansprechen aufhalten«, klang es mir noch in den Ohren.

Nun setzte ich mich nicht mehr, blieb stehen, die Büchse im Voranschlag, und wartete wie auf dem Schießstand in der Bahn, auf der auf den laufenden Keiler geübt wird.

Nach wohl fünf Minuten wurden meine Arme schwer und schwerer, ich kämpfte noch mit mir, ob ich es mir nicht doch bequem machen sollte, da wurde mein körperliches Martyrium belohnt. Aus der Dickung quollen Sauen jeglicher Couleur. Eine der letzten der Rotte, ein Überläufer, bekam mitten auf dem Weg die Kugel und rutschte verendet bis an den Rand. Nach den vorherigen vermasselten Chancen freute ich mich wie ein Schneekönig, während Diva zu mir hochblickte, als wollte sie sagen: »Siehst du, Alter, wenn du dich anstrengst, klappt es auch!«

Und schon nahte wieder Wild. Ich erahnte es am Verhalten der Hündin. Mehrere Überläufer flüchteten über den Weg, das Prozedere unterschied sich kaum von den vorherigen Schüssen, den Vorletzten traf mein Geschoss mehr als eine Handbreit hinter dem Blatt. Im Nu war er verschwunden.

Wir brauchten nicht viel miteinander zu kommunizieren, als Diva und ich nach Ablauf des Treibens zum Anschuss gingen. Die Hündin wusste genau, worum es ging. Mit tiefer Nase lief sie vor mir her. Plötzlich bewindete sie prüfend einen Halm, bog im rechten Winkel vom Weg ab, verschwand zwischen den dichten Fichten, und schon wurde der Riemen schlaff.

Insgesamt hatte ich zehn Möglichkeiten. Ein perfekter Kugelschütze hätte sich auf diesem Stand »eingeschossen«, sie besser genutzt, mehr erlegt. Ich war mit drei Sauen sehr zufrieden.

Die Strecke war imposant, aber im negativen Sinn. Weit über 100 Stück, doppelt so viele starke Sauen wie Frischlinge.

Sollte mich der Freund zu seinem 75. Geburtstag wieder zu einer »Bezahljagd« einladen, werde ich mir trotz oder vielmehr wegen dieser »respektablen« Strecke eine Ausrede überlegen.

Waidgerechtes Töten ist eine Kunst

Dasselbe Jahr, eine andere Jagd. Das Ende des Drückens war auf 13.00 Uhr festgelegt. Nach Hahn in Ruh wendete ich mich nach Osten, wo ein breiter Sandweg entlangführte, an dem ich mein Auto geparkt hatte, und hoffte, dass mich meine Hündin dort erwarten würde. Langsam stapfte ich am Rand des Moores entlang, als mich Hundelaut verhoffen ließ. Minutenlang hetzten zwei Hunde im Erlenbruch. Hin und her ging die wilde Jagd. Dann gesellte sich eine dritte, tiefere Stimme hinzu. Das Geläut wechselte in wütendes Gekeife und Gejaule. Aus dem Gewirr von Erlen, Weiden und Schilf erklang zwischen giftigem Gewinsel der dunkle, regelmäßige Standlaut meiner Hündin. Die Meute hatte eine angeschossene Sau gestellt!

Der Wind wehte mir aus dem Bruch entgegen, und ich konnte mich dem wilden Durcheinander in der sumpfigen Wildnis zügig nähern. Nach knapp 300 Metern kam ich zu einem dichten Erlenhorst, aus dem zwei Terrier erschienen. Genauso schnell wie sie herauskamen, verschwanden sie auch wieder kläffend in dem Gestrüpp. Am Rand sprang eine Bracke, giftig Laut gebend, auf und ab. Meine Hündin hörte ich ebenfalls, sah sie aber nicht. Ich war noch ungefähr 30 Meter von dem Gewirr entfernt, hielt die schussbereite Büchse fest umklammert, jederzeit bereit, einen schnellen Schuss abzugeben. Die Hunde hatten mich bemerkt, wurden mutiger, stürzten sich mit noch mehr Schneid in das Buschwerk.

Als die Terrier mit hysterischer Stimme wieder in das dichte Gezweig gedrungen waren, erschien meine Hündin, gefolgt von einem Überläufer. Ein Hund jaulte auf, flog ein, zwei Meter hoch durch die Luft, rappelte sich auf und war ebenso schnell wie das Schwein wieder zwischen den Zweigen verschwunden.

Der andere stürmte hinterher und verbiss sich, als der Überläufer erneut herauspreschte, in dessen linken Teller. Der zweite Terrier griff der Sau von hinten in die Keulen, wurde weggetreten, hing sofort wieder an der Schwarte, fiel zu Boden, fuhr dem Schwein mit noch mehr Energie an den Teller, versuchte es zu binden, wurde abermals fortgeschleudert, war augenblicklich wieder an der Sau, während meine Hündin mit lockerem Hals um das Spektakel herumtänzelte und dem wunden Stück geschickt auswich, als es einen schnellen Ausfall gegen sie vornahm.

Obwohl nur noch sechs, acht Meter von dem Durcheinander entfernt, war es für mich in diesem Tohuwabohu unmöglich, den erlösenden Fangschuss zu platzieren, ohne dabei einen der Hunde zu gefährden. Zudem war die behände Sau fast immer durch dichten Erlenbewuchs verdeckt.

Rehwild zeigt sich nicht selten so vertraut wie hier.

Der Rotrock macht seinem Namen alle Ehre!

Ich legte die wieder unterladene Büchse auf den Erdboden, zog das Messer aus der am Gürtel befestigten Scheide, steckte es griffbereit in den Stiefelschaft und sprang zu dem Gestrüpp, in das die angebleite Sau zurückgeflüchtet war.

Drei, vier Schritte, dann stand ich hinter ihr und konnte endlich einen Hinterlauf greifen. Meine Hündin stand vor dem Schwein, gab wütend Standlaut, ein Terrier hing derweil seitlich an ihrem Gebrech, der andere war gerade wieder abgeschlagen worden. Ein kurzer Ruck, das Schwein lag schlegelnd am Boden. Mit aller Kraft stieß ich die blanke Klinge bis fast zum Heft hinter das Blatt des Überläufers, kurzes Klagen, und das Drama war beendet.

Manch einem Stück Wild habe ich den Fangschuss geben, es »erlösen« müssen. Jedes Mal quälte mich danach die Frage, ob das »Erlösen« wirklich einer natürlichen Ordnung entspricht. Erlebt man das Sterben eines Tieres hautnah, beobachtet man, dass es auch noch im Todeskampf von der Gefahr, dem Menschen, fort-, zum Leben hinfliehen möchte. Das »Erlösen« wird für mich jedes Mal aufs Neue wieder fragwürdig.

»Was wäre, wenn jeder, der das ›grüne Abitur‹ bestehen will, ein Stück Wild mit der kalten Waffe abfangen müsste?«, sinniere ich. Jagen heißt auch töten. So manchem würde das Jagdhandwerk schwer werden, wenn er einer Kreatur Auge in Auge gegenüberstünde und sie mit dem Messer erlösen, selbst töten müsste und es nicht der Technik überlassen könnte. Der Jäger, der auf weite Distanzen auf Wild schießt, baut auch innerlich eine Distanz zu seiner Beute auf, entfremdet sich von ihr. Auf 70 Meter den Abzug zu betätigen ist einfacher - die Natur kennt diese Überlegungen nicht.

JAGEN IN EINEM ANDEREN LAND

»Wenn einer eine Reise tut,
dann kann er was erzählen«
war ein gängiger Spruch meiner Großmutter.
Wie recht sie doch hatte!

Wenn einer eine Reise tut ...

Es nimmt nicht wunder, dass meine Kinder mich häufig auf Jagdfahrten begleiteten. Afrika, Grönland, Kasachstan, England, Ungarn, stets kehrten wir voller aufregender Eindrücke zurück. Den gemeinsamen Flug in den Norden der britischen Insel nach Schottland zu meinem Freund Dr. Peter Swales habe ich besonders gut in Erinnerung.

Die Gesetze über Waffen- und Munitionstransporte sind im Laufe der Jahre komplizierter geworden. Bei Grenzübertritten erwartet den Jäger eine Vielzahl von Unannehmlichkeiten, wenn er geforderte Dokumente nicht vorzeigen kann. Das kann dann auch schon einmal dazu führen, dass bei Fehlen eines Formulars die Jagdreise abgebrochen werden muss.

Die Zeiten, in denen ich meine Büchse im Segeltuchfutteral beim Piloten im Cockpit abgab, am Ende des Fluges wieder in Empfang nahm und »bewaffnet« die Gangway hinunterstiefelte, sind längst Vergangenheit.

In den 1970er-Jahren sah man die Ein- und Ausfuhr von Jagdwaffen noch relativ locker, heute bringt es eine aufwendige Bürokratie mit sich, will man seine Gewehre mit auf die Insel nehmen.

Damals noch ein eher seltenes Szenario, wird man heute von peniblen Beamten an der Grenze genau geprüft, muss Formulare ausfüllen, Gewehre auspacken, vorzeigen, registrieren lassen, wieder einpacken, Patronen nachzählen, Fragen beantworten, warten - was gemeinhin viel Zeit in Anspruch nimmt.

Seit über 40 Jahren reise ich nach Großbritannien. Fasanen in Wales, Rehböcke in England, Rothirsche im Schottischen Hochland, bunte Niederwildstrecken sowie die Natürlichkeit und das Selbstverständnis, mit der Briten auf ihrer Insel jagen - all das ist der Grund dafür, dass ich meine englischen Freunde so gerne besuche.

»Ihr braucht eure Flinten nicht anzumelden, das mache ich schon seit Jahren nicht mehr«, beruhige ich meine Kinder, als wir unsere jährliche Herbstjagd zum Rough Shooting nach Schottland planen.

Wenn es opportun erscheint und bequem ist, wird einem alten Vater noch geglaubt, und so sieht mein hoffnungsvoller Nachwuchs im Vertrauen auf den »Alten« keine Notwendigkeit, seine Gewehre zu deklarieren. Stattdessen werden sie zwischen der Wäsche in Hartschalenkoffern verstaut, meine zerlegte Flinte steckt mit Jacken, Pullovern und Gummistiefeln in einem Seesack, und auf dem Flughafen Köln wird alles Gepäck eingecheckt.

Als wir voller Erwartung darauf warten, dass uns der Billigflieger nach Edinburgh bringt, klingt überdeutlich aus dem Lautsprecher: »Fluggast von Harling bitte umgehend beim Bundesgrenzschutz, Halle XY melden, Herr von Harling bitte!«

Gespannt stiefeln mein Sohn und ich los.

Eine junge Frau empfängt uns mit der freundlichen Frage: »Was haben Sie da drin?« und zeigt auf das Corpus Delicti, meinen grünen Seesack.

Selbstsicher zähle ich auf: »Wäsche, Schuhe, Fernglas, Waschzeug, Flinte ...« - schon werde ich höflich unterbrochen, ob sie die Flinte einmal sehen dürfe. Während mein Sohn das Futteral aus dem Seesack kramt, fische ich in meinen Jackentaschen nach Europäischem Feuerwaffenpass, deutschem Jagdschein, Reisepass, Waffenbesitzkarte, einem abgelaufenen englischen Firearm Certificate und dem INF 3-Papier des deutschen Zolls.

Die Dokumentenflut interessiert die Beamtin nicht im Geringsten. Ich versuche noch, ihr Sinn und Unsinn der Bürokratie zu erklären, mein Sohn unterstützt mich dabei wortgewaltig, aber sie ist zufrieden, als ich sage, ich fahre mit meinen Kindern nach Schottland zur Jagd. So verstaue ich den gesamten Stapel Papiere wieder in meiner Jackentasche, die Flinte verschwindet im Seesack, und wir sind in Gnaden entlassen.

»Wir haben alle eine Flinte im Gepäck«, grinst mein Sohn zum Abschied.

»Ja, ja, ich weiß«, lacht die junge Frau zurück. Sie glaubt an einen Scherz meines Sprösslings, setzt dann aber wieder ihre amtliche Miene auf und erklärt: »Bei uns kann sich niemand mit einer Waffe durchmogeln.« Selbstsicher fügt sie hinzu: »Sie können hundertprozentig sicher sein, selbst eine Maus kann diesen Flughafen nicht verlassen, ohne dass wir das merken.«

Beruhigt über so viel Kompetenz der Sicherheitskräfte an unseren Flughäfen und dass wenigstens deutsche Beamte überzeugt davon sind, dass das Auge des Gesetzes unfehlbar ist, fliegen wir ohne weitere Störungen nach Edinburgh und verbringen unbeschwerte Jagdtage in den Highlands. Die Erinnerung an den Zwischenfall von Köln war rasch verblasst.

Das Nationaltier Schottlands: das Grouse, ein Moorschneehuhn.

Auf einer Niederwildjagd in England.

Doch auch der schönste Jagdurlaub geht einmal zu Ende. Wir sitzen wieder in der Hauptstadt der Whiskytrinker, die Gepäckaufgabe und das Einchecken verliefen problemlos, Pass, Zoll und Röntgenkontrolle liegen hinter uns, und meine Kinder haben das Gate bereits passiert. Nur ich werde gebeten zu warten. Mir schwant Unheil.

Als der letzte Passagier abgefertigt ist, während ich mit einigen Beamten des Flughafens allein am Ausgang der Halle stehe, erscheint ein Mann mit meinem Seesack beladen, und ich werde wieder höflich über den Inhalt befragt. »Wäsche, Waschzeug, Stiefel, Flinte ...«, zähle ich auf, schon wird mein Redeschwall unterbrochen.

Mit »Don't worry, I do have all the necessary documents« will ich die aufgeregten Hüter des Gesetzes besänftigen, doch im selben Moment fällt mir siedend heiß ein, dass mein Sohn, der im wartenden Flugzeug sitzt und sich gewiss wundert, dass ich nicht längst neben ihm hocke, die Papiere eingesteckt hat. Ich schildere den Beamten meine missliche Lage.

Fünf Minuten nach offizieller Abflugzeit wird Sohnemann aus dem Flieger gebeten. Er übergibt mir eilig einen Stapel Papiere, verschwindet wieder, und kurz danach sehe ich die Maschine mit meiner Familie und deren Gewehren Richtung Köln entschweben.

Warum denn gerade ich ausgesucht worden sei, begehre ich zu wissen, und nicht meine Kinder mit ihren Flinten.

Ich könne beruhigt sein, in dem Flugzeug sei garantiert kein Gewehr, bisher haben sie noch jeden geschnappt, der eines mitnehmen wollte, bekomme ich zur Antwort. Schmunzelnd nehme ich die Belehrung zur Kenntnis, aber auch, dass die Beamten meine Papiere keines Blickes würdigen.

Doch dann erstirbt mein Schmunzeln. Ich dürfe den Raum nicht mit der Waffe verlassen, heißt es.

»Gut, dann lasse ich sie hier, versuche, die Sache zu regeln, und hole sie dann ab.«

Oh nein, das sei nicht möglich. Sie seien nicht befugt, die Flinte in Gewahrsam zu nehmen, aus waffenrechtlichen Gründen, wegen der Versicherung etc. - ich wisse schon. Nein, ich weiß nicht! Meine Frage, was nun zu machen sei, kann keiner der Umstehenden beantworten.

»Vielleicht kann die Polizei helfen?«, werfe ich kleinlaut ein. »Ich bringe das Gewehr zur Flughafenpolizei.« Dem Grunde nach eine akzeptable Idee, ich finde sie genial, aber ich darf ja den Raum nicht mit der Flinte verlassen.

Schulterzucken, Überlegen, Diskutieren, Kopfschütteln, Schweigen. Schließlich wird per Telefon die Polizei angefordert. Zwei Polizisten, jeder mit einer Maschinenpistole bewaffnet, erscheinen, besprechen mit den Beamten die Angelegenheit, und nach einer weiteren Viertelstunde werde ich, meinen Seesack auf dem Rücken, von den beiden »hochgerüsteten« Polizisten in die Flughafenhalle eskortiert. »Malcolm«, »Jim«, »My name is Gert«, so stellen wir uns gegenseitig vor, und ich lade beide zu einem Kaffee ein, den wir schweigend aus Pappbechern schlürfen.

Dann überlegen wir, wie ich aus dieser Misere herauskomme. Mittlerweile ist es 14.00 Uhr. An diesem Sonntag geht kein Flug mehr nach Deutschland, und es sei keine Eile geboten, stellt Malcolm sachlich fest.

Während meine neuen Freunde den Seesack nicht aus den Augen lassen, erkundige ich mich bei der Lufthansa - und siehe da, man ist bereit, für mich am nächsten Tag um 13.50 Uhr einen Flug nach Frankfurt und von dort weiter nach Hannover zu buchen. Gesagt, getan.

»I have a gun with me«, bemerke ich noch. Durch Schaden und Zeitverlust klug geworden, will ich die Dame hinter dem Schalter im Vorfeld gnädig stimmen, doch Papiere für ein Gewehr will sie nicht sehen und winkt ab.

»Wenn Sie das Gewehr in einem festen Behältnis transportieren, kein Problem«, erwidert sie nur, und ich kehre zurück zu meinen bewaffneten Aufsehern.

Kurzes Beratschlagen, dann empfiehlt Malcolm, in die Stadt zu fahren, einen festen Koffer zu besorgen und meinen Seesack darin zu verstauen. Bis zum Ausgang des Flughafengebäudes von den beiden Maschinenpistolenträgern eskortiert, steige ich in den Bus und fahre in die schottische Hauptstadt. Gottlob sind dort die Geschäfte auch am Sonntag geöffnet. Froh, dass dieser Tag in der Urheimat des Whiskys nicht geheiligt wird, besorge ich von meinem letzten Geld einen Koffer und fahre zum Flughafen zurück, wo ich von Malcolm und seinem Kollegen freudig erwartet und zu einem Kaffee eingeladen werde.

Inzwischen ist es 18.00 Uhr. Der Rest ist schnell erzählt. Geld habe ich keines mehr, das steckt in der Handtasche meiner Frau, die bereits längst zu Hause ist.

Die Nacht verbringe ich daher entspannt in der Flughafenhalle auf einer Bank. Dort bin ich in Sicherheit, kann mich beruhigt ausstrecken, denn an meinem Fußende sitzt Malcolm, nickt immer wieder müde ein, zweimal fällt dabei seine Maschinenpistole scheppernd auf den Fußboden, und an meinem Kopfende bewacht mich laut schnarchend Jim. Ab und zu holt einer von uns eine Runde von dem grässlichen Kaffee, und ich höre viele neue Witze von meinen beiden Bewachern.

Endlich wird der Abflug meiner Maschine aufgerufen. Ich verabschiede mich von ihnen wie von alten Freunden und kann nach zweimaligem Umsteigen erleichtert meine Familie wieder in die Arme schließen.

Erst in diesem Moment registrieren wir, dass ich sämtliche Dokumente für die Flinten meiner Kinder bei mir gehabt habe, mein Sohn dagegen alle, die meine Waffen betreffen. Niemand hat uns danach gefragt, weder in Deutschland noch in England.

In Gold getauchte Landschaft.

Der »Alte« hat mal wieder recht behalten, seine Theorie »Ihr braucht eure Flinten nicht anzumelden« hat sich bestätigt.

Der Schmuggler mit dem Geigenkasten

Mein Freund Bodo von Langenn ist traditionsbewusst und liebt alte Dinge. Seine Kleidung, angefangen vom schäbigen Jagdfilz über den uralten Lodenjanker, Erbstück seines Urgroßvaters, bis hin zur speckigen Lederbundhose, kennzeichnet ihn eher als einen heruntergekommenen Wilderer, mit diesem teilt er allerdings lediglich die Jagdpassion.
Nie sah ich den Freund in Gummistiefeln, er trägt stets Gamaschen. Um seinen Hals hängt kein gummiarmiertes, modernes Fernglas, sondern ein Vorkriegsmodell mit einem zerschlissenen Lederlappen als Wetterschutz. Seine alte englische Flinte transportiert Bodo in einem wunderschönen antiken Schweinslederkoffer, um den ihn so mancher Jagdfreund beneidet.
Doch Bodo trennt sich, wenn es opportun erscheint, auch von lieb gewordenen Dingen und geht mit dem Fortschritt.
Eines Tages reiste er mit einem arg lädierten Geigenkasten zur Jagd an. Wir waren sehr erstaunt, als er aus der profanen schwarzen Pappmaschee-Kiste seine Flinte zutage förderte.
»Ich komme gerade aus England«, entschuldigte er sich bescheiden und erntete ringsum erstaunte Blicke. »Wenn ich zum Jagen ins Ausland fahre, transportiere ich die Flinte nicht in meinem wertvollen Gewehrkoffer, sondern in diesem einfachen Geigenkasten. Bisher hat nie auch nur ein Grenzschutz-, Zoll- oder Polizeibeamter Verdacht geschöpft«, erläutert er augenzwinkernd seinen »Stilbruch«.

Grenzstreitigkeiten

Anfang dieses Jahrtausends bei einer Reise mit meinem Sohn Frankfurt-Kopenhagen-Grönland und zurück erlebten wir ein weiteres Mal eines dieser »Boarding Highlights«.
Am Rhein-Main-Flughafen empfing uns eine Mischung aus Misstrauen, Wichtigtuerei und Bürokratismus, als ich die Waffen aufgab. Ein Zollbeamter entschuldigte sich, er müsse meine Patronen nachzählen. Mein Einwand, ich hätte bisher nie Angaben über die Anzahl meiner mitgeführten Patronen gemacht, es könne demnach nichts zum Nachzählen geben, beantwortete der freundliche Mann mit einem Schulterzucken, bestand aber auf dem Nachzählen.
Beim nächsten Kontrollpunkt, nun als Jäger gebrandmarkt, wurden wir besonders gründlich untersucht, zwei Einwegfeuerzeuge wurden

konfisziert, weil jeder Fluggast nur eines mitführen darf, und wanderten in eine Tonne, in der bereits Hunderte winziger Nagelfeilen und -scheren warteten.

Bei der Ankunft in Kopenhagen respektive Einreise nach Dänemark nahm keiner der »Offiziellen« Anstoß an meinem Gewehrkoffer. »Gewehre - guns«, ich zeigte auf den Waffenkoffer, der Zöllner winkte mich lächelnd weiter. »You want to go to Greenland? - Good luck!«

Komplizierter wurde es auf der Rückreise. Die Patronen waren nicht mehr originalverpackt, und geöffnete Schachteln durften nicht mit ins Flugzeug. Zwar verteidigte ich mich, dass wir einige Kugeln verschossen hätten, deswegen ja schließlich hierhergekommen seien, aber das ließ der Mann hinter dem Tresen nicht gelten. Ich löste den Fall unbürokratisch. »Sind Sie Jäger?«, fragte ich. »Ich nicht, aber mein Freund«, erwiderte er. Ich überließ ihm kurzerhand die angebrochene Schachtel für seinen Freund.

Am Abflugschalter galt es dann, ein Formular in vierfacher Ausfertigung auszufüllen, das penibel mit den Angaben meines Europäischen Feuerwaffenpasses verglichen wurde. Die Gewehre schauten sich die Beamten allerdings nicht an! Das rächte sich nach der Zwischenlandung in Kopenhagen. Dort stellte ein findiger Mann fest, dass auf den dänischen Einfuhrpapieren und meinem Waffenpass das Kaliber mit 8×68 angegeben war, auf dem Gewehr jedoch abweichend 8×68 S stand. Nun hatten die »Herren Grenzer« ein Riesenproblem. Ein dritter und ein vierter Sicherheitsbeamter wurden zurate gezogen. Schließlich kam ein fünfter hinzu. Mein Seesack, in dem die Schlosse der Waffen verstaut waren, wurde wieder aus dem Bauch des wartenden Fliegers geholt und weiter verglichen.

Während die Fluggäste über Lautsprecher für die Verzögerung des Flugs um Verständnis gebeten wurden, forderten die ratlosen Männer per Funk eine weitere Kapazität an. Die erschien auch bald, warf einen Blick auf das Durcheinander von Gewehren, Patronen und Dokumenten, winkte lässig mit der Hand, trieb ihre Untergebenen zur Eile an, weil das Flugzeug wartete, und dann waren uns fünf freundliche Beamte dabei behilflich, Schlosse, Munition und Messer in mein Handgepäck zu verstauen. Wir wurden in Gnaden entlassen und durften schwer bewaffnet unter den strengen Augen des Gesetzes ins Flugzeug.

Im Labyrinth der Grenzkontrollen

»Wenn einer eine Reise tut, dann kann er was erzählen« war ein gängiger Spruch meiner Großmutter. Wie recht sie doch hatte!

Welch unendliche Weite erschließt sich uns hier in Grönland!

Abendstimmung in den Bergen von Kasachstan.

Marale mit ihrem kapitalen Geweih sind eines der Wahrzeichen Kasachstans.

Am Flughafen Kangerlussuaq in Grönland.

Kaffernbüffel – frisch aus der Suhle.

Jagdglück mit Sohn Moritz (re.) und Kai Wollscheid auf einen Moschusochsen.

Eine frische Decke und das Haupt eines Muffelwidders im Kofferraum mit mir führend, wollte ich nach einem erfolgreichen Jagdurlaub in Jugoslawien mit meiner Frau die österreichisch-deutsche Grenze überqueren. Obwohl ich nicht jagdlich gekleidet war und auch meine Frau auf dem Beifahrersitz keineswegs »verdächtig« aussah, glaubte der deutsche Zöllner mir meine Antwort auf seine Frage: »Haben Sie etwas zu verzollen?« nicht und prallte beim Öffnen des Kofferraumdeckels erschrocken zurück, als ihn aus dem Inneren zwei erstarrte, mattgrün schimmernde Muffellichter anäugten. Aus dem Windfang waren wie kleine Perlen dunkelbraune Schweißreste gerollt.

»Damit können Sie keinesfalls über die Grenze, Sie müssen sofort zum nächsten Veterinär«, stammelte er entsetzt.

Wo sich der nächste Tierarzt in Österreich befindet, wusste ich natürlich nicht, wollte es auch nicht wissen. Der österreichische Zoll würde uns mit dem bereits »duftenden« Gepäck sowieso nicht wieder einreisen lassen, versuchte ich dem Gesetzeshüter klarzumachen, doch der verschwand flugs in seiner Baracke. Ungeduldig folgte ich ihm. Im Büro herrschte Ratlosigkeit. Umständliches Durchsuchen von Gesetzestexten und eifriges Blättern war angesagt, allein drei Beamte waren eifrig damit beschäftigt. Endlich befreites Grinsen.

»Sie müssen nach X zu Dr. Y, der wird Ihre Sachen begutachten, ein Dokument ausstellen, damit kommen Sie wieder hierher. Wir stempeln Ihnen das Papier dann ab, so einfach ist das.«

»Und wenn Dr. Y in X nicht in der Praxis anzutreffen sein sollte ...?«, fragte ich - beeindruckt von dieser Auskunft.

»Der ist immer erreichbar. Sollten Sie Ihr Tier dort nicht vorzeigen und das ausgefüllte Dokument nicht bei uns abliefern, machen Sie sich strafbar!« Über die Höhe der Strafe wurde ich nicht aufgeklärt.

Damit wurde ich entlassen, ohne dass die Beamten meinen Namen oder das Autokennzeichen notiert hatten. Ich hatte dies gar nicht registriert, erst meine Frau machte mich darauf aufmerksam, und statt nach X gondelten wir frohen Mutes nach München, wo ich meine Trophäe nicht dem Veterinär, sondern einem Präparator anvertraute.

Ich hoffe, die pflichtbewussten Zollbeamten haben zwischenzeitlich das Warten aufgegeben.

Unproblematischer war die Reaktion eines Grenzbeamten bei der Rückreise aus Norwegen, wo ich Rentiere gejagt hatte. »Watt is'n in dem Koffer?«, fragte er in breitem Berliner Dialekt. »Gewehre«, lautete meine ehrliche Antwort. »Se woll'n mir wohl veräppeln, wa, jehn Se man weiter!« Das tat ich dann auch ganz schnell.

Einen besonders netten Beamten traf ich vor einer Jagdreise nach Kanada. Als sein Kollege den Vorderschaft meiner Flinte beschlagnahmt hatte, weil er separat befördert werden müsse, kam der Mann völlig außer Atem zu meinem Gate angerannt und drückte ihn mir mit einem »Waidmannsheil!« in die Hand. Freudig bedankte ich mich für seine unerwartete Hilfsbereitschaft, worauf er mir hinter vorgehaltener Hand zuraunte: »Wir Jäger müssen doch zusammenhalten!«

Aus Afrika brachte ich vor vielen Jahren neben Rohtrophäen den frischen Rücken eines Kudus, den ich erst wenige Stunden vor meinem Abflug erlegt hatte, im Handgepäck mit. Es war Ende Dezember. Dem Zöllner auf dem Flughafen in Hannover erzählte ich wahrheitsgetreu, es sei eine Überraschung für meinen Bruder, der begeisterter Hobbykoch sei.

»Na, dann gehen Sie man durch - und guten Appetit beim Neujahrsbraten!«, verabschiedete er mich.

Unter Terroristen

Ich kam vor vielen Jahren nach einer Jagdreise aus Neuseeland zurück nach Europa. Meine Büchse hatte ich im Cockpit der Air-New-Zealand-Maschine, mit dessen Kapitän ich bereits oft zusammen gejagt habe, abgeliefert. Nach der Landung in Sydney wurde die Zeit zum Umsteigen knapp. Während ich mir mit dem Schießprügel auf dem Rücken ziemlich komisch vorkam, als ich zur Anschlussmaschine hetzte, nahm sonst niemand auf dem Flughafengelände Anstoß daran.

Mit hängender Zunge erreichte ich den Anschlussflug nach Europa. Die Büchse wanderte wieder ins Cockpit und wurde mir während der Landung in Frankfurt, noch im Flugzeug, ausgehändigt.

Als ich völlig entspannt die Gangway hinunterspaziert war, näherte sich ein Polizeiauto mit lautem Sirenengedröhn und eingeschaltetem Blaulicht. Entsetzt schaute man sich um, alle Fluggäste vermuteten einen Terroristen in ihren Reihen. Tatsächlich war ich der Grund für die plötzliche Aufregung. In Polizeibegleitung wurde ich zum Flughafengebäude geleitet.

Meine Beteuerungen, dass ich das Flugzeug nicht entführen wollte, das geschieht normalerweise nach dem Einstieg und nicht nach dem Verlassen der Maschine, ignorierte man.

Nach einem halbstündigen Verhör auf der Flughafenwache wurde ich entlassen. Waffe und Trophäen musste ich zurücklassen, durfte sie erst nach zwei Wochen, so lange dauerte es, bis ich all die notwendigen Dokumente besorgt hatte, wieder in Empfang nehmen. Obendrein musste ich eine saftige Verwahrungsgebühr zahlen.

Von der Wiege bis zur Bahre: Formulare, Formulare!

In Tunesien wartete ich einmal bei den Einfuhrformalitäten für meinen Drilling geschlagene drei Stunden auf die Erstellung mir suspekt erscheinender, sündhaft teurer Importpapiere. Das Original und sämtliche Kopien wurden mir anschließend ausgehändigt. Schon am ersten Jagdtag ließ ich sie irgendwo liegen und machte mir während der folgenden Tage dann Sorgen, wie ich neue Papiere bekommen könnte, um den Drilling bei meiner Heimreise ohne Komplikationen wieder außer Landes zu schaffen. Doch alles verlief letztendlich problemlos: Bei der Ausreise wurde ich lediglich nach meiner Waffenbesitzkarte gefragt, damit war die Angelegenheit für die Beamten auch schon erledigt.

In Montana erntete ich ungläubiges Staunen, als ich bei der Einreise Gewehr, Jagdschein und Waffenbesitzkarte vorzeigen wollte. »Bei uns hat jeder das Recht, seine Waffen offen zu tragen«, belehrte mich der aufgeschlossene Beamte. »Ab dem 16. Lebensjahr« und »außer in einer Bank oder in einer Kneipe«, fügte er rasch einschränkend hinzu.

Ende der 60er-Jahre lebte ich in Irland. In der Nähe meines Arbeitsplatzes lag ein Golfplatz, auf dem ich oft in den Abendstunden noch einen Spaziergang machte. Dabei beobachtete ich zahlreiche Fasanen und Kaninchen, die sich in dem dichten Busch, der den Riesenplatz umgab, ungestört vermehrten.

Manchmal überkam mich die Jagdleidenschaft so stark, dass ich in den frühen Morgenstunden dort jagte. Da man auf der Insel selten vor 7.00 Uhr Menschen trifft, bestand kaum Gefahr, dabei entdeckt zu werden.

Wieder einmal hatte ich einen Hahn geschossen und schnürte erfreut über die Bereicherung meines Küchenzettels dem heimatlichen Herd zu. Da nahte plötzlich das Unglück in Form eines strengen Ordnungshüters, der mich mit ernster Stimme aufforderte, ihn zur Wache zu begleiten.

Meinen Reisepass mit meinem Arbeitsvisum trug ich nicht bei mir, wer denkt schon an so etwas, wenn er Fasanen wildert, aber in der Jackentasche steckte mein deutscher Jagdschein. Den hielt ich dem Beamten vor. Interessiert blätterte er ihn durch, zeigte nickend auf den Stempel der deutschen Behörde und verglich das Passbild mit meinem roten Kopf, während ich beteuerte, dass es meine Jagdlizenz sei. Da gab mir der Mann das Papier zurück, erzählte, dass er während seiner Armeezeit zwei Jahre in Deutschland stationiert gewesen sei, eine solche Lizenz sehr wohl kenne, entschuldigte sich für die Unannehmlichkeiten, die er mir bereitet habe, und entließ mich mit meinem bunten Fasanenhahn in die Freiheit.

Es lebe die Bürokratie und der deutsche Jagdschein im Ausland!

Auch in Irland faszinierten mich diese Hühnervögel auf besondere Weise.

JAGEN IN AFRIKA

*Meine innige Freundschaft
zu diesem wunderbaren Land, die sich zu einer
wirklichen Liebe entwickelte, begann sehr früh.
Der Zauber, mit dem mich Afrika
in seiner grandiosen Schönheit, der Einmaligkeit
seiner Tier- und Pflanzenwelt begeistert,
ist bis heute ungebrochen.*

Vom Feld ins Veld

Schon im jugendlichen Alter las ich mit Begeisterung die alten Afrika-Klassiker von Schillings, Sutherland, Blixen, Nicholson, und der Stoff hatte sich, wie es in dem alten Südwesterlied »Hart wie Kameldornholz« heißt, tief in mein Herz gebrannt. Eine Passage aus Theodore Roosevelts »Afrikanische Wanderungen« hat mich besonders berührt: »Es gibt keine Worte für das Geheimnis, die Melancholie, den Zauber, die den verborgenen Geist der Wildnis offenbaren. Welche Schönheit verbirgt sich in dem rauen Leben unter freiem Himmel ... Unabhängig davon und doch mit ihm vermischt ist die starke Anziehung der stillen Leere, der riesigen tropischen Monde und die Pracht der neuen Sterne; wo der Wanderer die ehrfurchtgebietende Herrlichkeit des Sonnenaufgangs und des Sonnenuntergangs in der wilden Weite der Erde sieht, unberührt vom Menschen, verändert nur durch den langsamen Wandel der Jahrhunderte in der immerwährenden Zeit.«

So führte mich mein unstillbarer Drang nach Freiheit, nach uneingeschränktem Jagen vorerst nach Südwestafrika, dem heutigen Namibia. Nachdem ich flügge geworden war, arbeitete ich zu Beginn der 60er-Jahre dort als Eleve auf einer Rinderfarm. Eine meiner Zuständigkeiten war die Fleischversorgung der Farmbelegschaft.

Die 60er lagen noch näher an den alten Zeiten von Henry Morton Stanley, als das heute der Fall ist, aber Jagdtourismus war zu jener Zeit nicht so populär. Für mich war es der Beginn einer großen Liebe zum »Schwarzen Kontinent« und, nach mehreren Zwischenstationen als Banker in Neuseeland und Südamerika, der Anfang eines ungewöhnlichen Jägerlebens, wie ich es in meiner Autobiografie »Jagen gegen den Wind« niedergeschrieben habe.

Damals hatte ich allerdings noch nicht verinnerlicht, dass man Afrika mit der Bezeichnung »Schwarzer Kontinent« nicht gerecht wird, mehr noch, es herabwürdigt. Es ist vielmehr ein bunter, lebendiger, riesiger Kontinent. Kulturell gesehen gibt es in Afrika die größte Vielfalt von

Menschen auf unserer Erde. Man spricht der Bequemlichkeit halber von Afrika, aber es gibt wohl kaum jemanden, der das gesamte Afrika wie seine Jagdtasche kennt, dafür ist es zu groß, zu gewaltig. Einer sagt: »Dort herrscht Krieg«, und er hat recht. Ein anderer sagt: »Dort ist es friedlich«, und er hat auch recht. Einer behauptet, es sei der reichste aller Kontinente, ein anderer, es sei der ärmste, und beiden ist nicht zu widersprechen.

Zum Schnüren fehlt's an Länge

Als ich noch in Südwestafrika lebte (Deutsch-Südwestafrika wurde 1915 aufgelöst, und von 1915 bis 1990 stand Südwestafrika unter Fremdverwaltung durch Südafrika. Mit seiner Unabhängigkeit im Jahr 1990 erhielt Südwestafrika den Namen Namibia, den die Generalversammlung der Vereinten Nationen bereits am 12. Juni 1968 anerkannt hatte), arbeitete ich auch auf einer anderen Rinderfarm.

Die über 5.000 Hektar große Farm meines ersten Arbeitgebers in Afrika war in acht oder neun Enklaven, sogenannte Camps, eingeteilt, die wiederum eingezäunt waren, damit das Vieh je nach Wachstum und Stand des Grases entsprechend umgetrieben werden konnte.

Großvater und Vater des Besitzers, mit dem mich eine enge Freundschaft verbindet, lebten noch von der Viehzucht, aber nach Ende der Fremdverwaltung durch Südafrika lag der Preis für Rindfleisch in Namibia am Boden, es wurde weitaus mehr Geld mit der Jagd verdient.

Deshalb stellte sich auch mein Freund, Enkel des Farmgründers, um, riss die Zäune, die mit großer Mühe, viel Tränen und Schweiß von seinen Vorfahren errichtet worden waren, nieder, setzte Wild aus und stellte sich auf Jagdtourismus um.

Schließlich holte die junge Frau meines Freundes den ersten Jagdgast, einen Professor aus Braunschweig, mit dem Auto vom etwa 40 Kilometer von Windhuk entfernten Flughafen Hosea Kutako ab. Während der zweieinhalbstündigen Autofahrt zur Farm zeigte sie ihm immer wieder Wild, das in der Nähe des Straßenrands entlangzog.

»Schauen Sie, Herr Professor, dort rennt ein Kudu!«, rief sie erfreut und zeigte nach rechts in das dichte Gestrüpp, wo tatsächlich ein Rudel der majestätischen Antilopen absprang.

»Gnädige Frau, es heißt nicht ›Dort rennt ein Kudu‹, sondern ›Dort flüchtet ein Kudu‹. Wenn Sie deutsche Jagdgäste bei sich begrüßen, sollten Sie sich auch der deutschen Waidmannssprache bedienen«, erwiderte der Professor amüsiert. Daraufhin drehte sich die Unterhaltung um Sinn und Ursprung der Jägersprache, und Elke, des Farmers Frau,

Immer auf der Jagd nach neuen Motiven – meine Frau Leonore.

Kaffernbüffel mit Gelbschnabel-Madenhacker.

war dankbar, über die Sitten deutscher Jäger aufgeklärt zu werden und etwas über die Waidmannssprache zu lernen.
»Da läuft ein Schakal!«, kam es kurz darauf begeistert aus dem Mund der Fahrerin. Wieder berichtigte der Gast aus Deutschland: »Gnädige Frau, ein Schakal schnürt.«
Das Wort »schnüren« war der Farmerin gänzlich unbekannt, deshalb erklärte der Herr Professor, wie dieser Ausdruck seine Bedeutung erfuhr.
»Im hohen Schnee, wenn ein Fuchs eine Pranke vor die andere setzt, sieht das mitunter aus wie Perlen und wenn dann noch sein langer Schwanz, also seine Lunte, herunterhängt und die kleinen Abdrücke im tiefen Schnee mit einer zarten Linie verbindet, sieht das aus wie eine Perlenschnur.«
Staunend hörte die junge Frau zu, war ganz begeistert von dieser Erklärung, und so verging die Fahrt wie im Flug, bis sie schließlich am Ziel, der Farm, angelangt waren.
14 Tage lang wurde fröhlich gemeinsam gejagt, und meine afrikanischen Freunde waren inzwischen im Gebrauch der Jägersprache fast perfekt.
Am letzten Tag saßen sie mit ihrem ersten Gast aus Deutschland vor dem Haus und unterhielten sich noch einmal über die vergangenen Tage. Begeistert erzählte die junge Frau, ständig bedacht, die Waidmannssprache korrekt anzuwenden: »Herr Professor, wissen Sie, was an diesem Urlaub für mich am spannendsten war? Das war, als wir den Kudu auf 300 Meter entdeckten, Sie dann aus dem Auto stiegen und mit meinem Mann hinterhergeschnürt sind ...«
Darauf zog der deutsche Gast die Augenbrauen hoch und unterbrach den Wortschwall der Farmersfrau lächelnd: »Schnüren? Gnädige Frau, Sie überschätzen mich!«

»Der Mohr hat seine Schuldigkeit getan«

Mit den Einheimischen freundete ich mich schnell an, mit ihrer Mentalität fand ich mich bald ab. Damals sprach man noch von »Mohren«, »Negern«, »Kaffern«, und niemand nahm Anstoß daran. Im Gegenteil: Die Menschen in Afrika waren stolz auf ihre Hautfarbe - der letzte Herrscher von Äthiopien, Kaiser Haile Selassie aus dem ältesten Königsgeschlecht der Welt, nannte sich selbstbewusst »Negus« -, sie sahen sich in einer ganz selbstverständlichen Natürlichkeit in allen Bereichen als gleichberechtigt, aber selbstbestimmt an.

Anhänger der neuen Zeit plädierten aber für absolute Gleichmacherei. Vielen Menschen in Afrika wurde dadurch ihre Identität genommen. »Black is beautiful« war plötzlich out. Traditionsreiche Bezeichnungen wie »Neger«, »Kaffer«, »Mohr« wurden zu Schimpfwörtern. Das Selbstbewusstsein der so Genannten war passe, und in der »zivilisierten« Welt überlegt man fröhlich, wie man mit der Umsetzung einer politisch korrekten Sprache weiter fortfahren kann.

Der Struwwelpeter und das Kinderlied »Zehn kleine Negerlein« waren noch nicht umgeschrieben, der Sarotti-Mohr und Negerküsse erfreuten sich noch großer Beliebtheit. Im Büro unseres Wildmeisters hingen Lappen, auf denen Schwarze abgebildet waren. Man nahm damals tatsächlich an, dass dies die abschreckende Wirkung der flatternden Stoffreste unterstützen würde und die Wölfe davon abhielte, durch die Lappen zu gehen.

Über Bücher wie »Jim Knopf und Lukas der Lokomotivführer« wird man sich wohl aller Wahrscheinlichkeit nach ebenso den Kopf zerbrechen wie über Caspar, den Weisen aus dem Morgenland in meiner Weihnachtskrippe, obwohl der seine schwarze Hautfarbe erst recht spät als Würdigung des »Schwarzen Kontinents« bekommen hat.

Konsequenterweise müsste auch über die beiden diskriminierten Diener Osmin und Monostatos aus Mozarts »Entführung aus dem Serail« und der »Zauberflöte« sowie Shakespeares Othello und Verdis Otello, den Mohren von Venedig, nachgedacht werden.

Schließlich müssten Staaten wie Mauretanien und Mauritius umbenannt werden, und auch ein Überdrucken der berühmten Briefmarke wäre dann wohl erforderlich. Der als Schwarzer dargestellte heilige Mauritius könnte seine Hautfarbe behalten, müsste aber umgetauft werden und einen weniger verräterischen Namen bekommen als alle lebenden und toten Maurice und auch mein Sohn Moritz. Städte wie Coburg sollten ebenso über neue Wappen befinden wie auch viele Brauereien, Gasthäuser und Apotheken.

Das Zitat in der Überschrift findet sich übrigens nicht bei Shakespeare, wie viele vermuten, sondern in Schillers zweitem vollendetem Drama »Die Verschwörung des Fiesco zu Genua« - in dem der Mohr nicht seine Schuldigkeit, sondern seine Arbeit getan hat.
Viele Jahre später, nachdem ich mich in Deutschland selbstständig gemacht hatte, hielt ich in der Jägerschaft Vorträge über Auslandsjagd. Da blieb es nicht aus, dass ich auch die Ausdrücke »Mohr« oder »Schwarzer« bemühte. Die Resonanz war mitunter verheerend. Ich wurde als Rassist beschimpft, doch davon bin ich in meinem Herzen so weit entfernt wie der als Vergleich so häufig bemühte Eisbär von der Sahara!

Die Schlange mit dem unanständigen Namen
Kaum hatte ich meinen Dienst auf afrikanischem Boden angetreten, wurde ich auch mit Schlangen konfrontiert. Ich habe zu fast allen Tieren eine innere Beziehung, und das bei Weitem nicht nur als Jagdbeute. Sie sind schließlich die Geschöpfe eines Allvaters, der auch den Menschen und mich selbst aus dem Nichts erschaffen hat. Schlangen jedoch sind für mich eine Ausnahme. Und wann immer eine Schlange meinen Weg kreuzt, egal, ob klein oder groß, giftig oder harmlos, empfinde ich eine gewisse Abneigung gegen sie. Auf meinen Jagdzügen sind sie mir immer wieder begegnet, gehörten einfach dazu. Ich habe aber nie die Begegnung mit einer Schlange gesucht, dennoch habe ich manchmal eine getötet, wenn sie zur Gefahr wurde.

Die Kinder in den Dörfern waren anfangs ein wenig zurückhaltend, aber stets erfreute mich ihre Fröhlichkeit und natürliche Offenheit.

Ein Gast aus Deutschland verbrachte seinen Jagdurlaub auf ebendieser Farm. Nachdem er nachts ein dringendes Bedürfnis verspürte, in der Dunkelheit aus dem Schlafraum zum Badezimmer schlich und dann ins Schlafzimmer zurückkam, ließ sich die Tür nicht schließen. Schließlich gelang es ihm mit aller Macht doch, und er legte sich wieder ins Bett. Als es am nächsten Morgen hell wurde und er zum Frühstück ins große Farmhaus gehen wollte, löste sich das Geheimnis um die Eingangstür: eine Puffotter, die Schlange mit dem unanständigen Namen, wie mein Chef sie nannte. Hochgiftig ist sie und wohl für die meisten Schlangenbisse mit tödlichem Ausgang in Afrika verantwortlich.
Das Reptil hatte sich, von der Kühle der Nacht träge geworden, in einer Ecke des angrenzenden Zimmers versteckt. Durch die Schritte des Mannes war es aufgeschreckt worden, wollte in die Wärme des Schlafraumes kriechen und wurde von dem Gast zerquetscht.
In dasselbe Schlafzimmer hatte eine Woche später ein anderer Gast den Hund des Farmers mitgenommen. In der Nacht sprang der vierbeinige Bettgenosse wütend bellend vom Fußende auf den Boden und kläffte dort weiter. Der Mann leuchtete mit der Taschenlampe in alle Ecken des Schlafzimmers, stocherte mit einem Besen auch unter dem Bett, fand aber nichts »Verdächtiges«. Der Hund überschlug sich dabei fast vor heulender Wut und Angst, war nicht zu beruhigen. Schließlich nahm der Gast sein Bettzeug und wich samt Hund ins Nebenzimmer aus. Am nächsten Morgen schob er das Bett zur Seite, trug es schließlich hinaus und entdeckte unter der Matratze eine riesige Puffotter.
Da es viele von ihnen auf dem Farmgelände gab, bewahrte mein Arbeitgeber immer eine Reserve von Antischlangenbiss-Serum im Kühlschrank auf, und mir wurde zu Beginn meiner Afrikazeit geraten, stets zu prüfen, ob sich ein Skorpion oder eine Schlange in meinen Stiefeln befände, bevor ich sie anziehe. Mehrere Male hat mich diese Vorsichtsmaßnahme vor ernsteren Schäden bewahrt.
Giftige Schlangen kannte ich bereits aus Deutschland. Ich besuchte mit Mackerodt unsere Waldarbeiterrotte, die damals noch den ganzen Tag über draußen im Wald blieb, dort frühstückte, Mittagspause machte und erst spätabends nach Hause zurückkehrte. Autos gab es nicht, man ging in der Regel zu Fuß.
Wir saßen am Feuer zusammen, es war nachts sehr kalt gewesen, da starrte unser alter Haumeister nachdenklich auf die Beine des Wildmeisters. Entsetzt sprang der auf und schrie, als er vor sich eine Kreuzotter entdeckte: »Rüpke (so hieß der Mann), warum haben Sie mich nicht gewarnt!«

Darauf erwiderte der in der Ruhe und Gelassenheit, die den Heidjern eigen ist: »Ick har mi all wonnert, dat sei nich beeten här.« (Ich habe mich schon gewundert, dass sie nicht gebissen hat.)
Und dann war da noch eine Safari in Benin. Auf einem schmalen Pfad glitt ein schwarz-goldenes, etwa zwei Meter langes Reptil auf uns zu und richtete sich vor uns auf. Der vor mir pirschende Fährtenleser wälzte sich schreiend am Boden, und mein Brillenglas war plötzlich milchig-undurchsichtig. Im selben Augenblick bellte die Doppelbüchse meines neben mir gehenden Jagdfreundes los. Das Reptil sank zusammen.
Es war eine Speikobra. Diese Schlangen speien mit erstaunlicher Treffsicherheit Gift in die Augen ihrer Gegner. Als kein Leben mehr im Schlangenleib war, zog einer der Jungs ihn aus dem Wasser, und die Freude über einen fetten Braten war groß. Das Augenlicht unseres Spurenlesers konnte glücklicherweise gerettet werden. Ein Begleiter reinigte sofort dessen Auge mit seiner Zunge, saugte das Gift heraus und spuckte es in hohem Bogen aus.

Aus der Haut fahren und aus der Decke schlagen

Das ungewöhnliche Ende einer riesigen Anakonda, die ich in den Llanos in Venezuela auf der Entenjagd fing, ist ebenfalls erwähnenswert. Die gewaltigen Schlangen sind furchterregend, aber nicht lebensbedrohend. Mein Freund Carlos Wagner und ich hatten sie in einer Höhle überrascht und überlegten, ihre Haut mitzunehmen. Schließlich scheute ich mich vor dem mühseligen Unterfangen, das fast fünf Meter lange Reptil zu häuten. Unser Vaquero hatte damit jedoch kein Problem. Wenige kurze Schnitte in den Schlangenkörper, dann wurde der Kopf der Anakonda an einen Baum genagelt, und mithilfe einer um ihren Hals befestigten Drahtschlinge, die am anderen Ende an dem durchstartenden Geländewagen verknotet war, wurde ihr die Haut im wahrsten Sinne des Wortes abgezogen. Auf gleiche Weise haben wir Weißwedelhirsche und Pekaris für den Grill vorbereitet.
Dieses praktische Verfahren ließe sich auch in Deutschland anwenden, doch habe ich de facto Hemmungen, einem Rehbock mithilfe des Autos buchstäblich »das Fell über die Ohren zu ziehen«.
Die große Schlange endete nicht auf dem Grill oder im Kochtopf, sondern die Indios lösten nach ein paar Tagen, als das Fleisch des Reptils bereits angegammelt und mürbe war, die sehnigen Rückenmuskeln aus, um daraus vortreffliche Gitarrensaiten herzustellen. Einer meiner indianischen Freunde versicherte mir: »Viel besser als aus den Därmen der Brüllaffen!«

Richtung und Wahrheit - verloren im Paradies

Das meiste Wild, das meine Gäste oder ich erlegten, wäre ohne unsere afrikanischen Jagdhelfer nie zur Strecke gebracht worden. Auch nach vielen Jahren Afrikaerfahrung entwickelte ich nicht annähernd dieses besondere Gespür, das sie für das Jagen besitzen.

Besonders bin ich von dem phänomenalen Orientierungsvermögen der Einheimischen im Busch fasziniert. Selbst nach mehrtägigen Märschen, während wir die Nächte draußen verbrachten, fanden sie zielsicher zum Ausgangspunkt zurück, für zivilisationsverwöhnte Europäer schlicht unglaublich. Ich denke an eine Fußpirsch über Felsen, Berge, durch dichten Busch und weite Grasflächen mit dem Herero Paulus - wir waren fast zehn Stunden lang unterwegs. Am Ende stellte ich fest, dass ich meine Schachtel mit Patronen verloren hatte. Am nächsten Tag lief Paulus zurück und kehrte am späten Nachmittag mit der Packung wieder zu uns zurück.

Zu Beginn meiner Afrikazeit riet mir der Farmer beim Sundowner, nachdem ich am Nachmittag allein zu einem kurzen Pirschgang aufgebrochen war und ganz selbstverständlich zurückgefunden hatte, nicht ohne Begleitung loszuziehen. Ich ignorierte den Rat - aber nur ein einziges Mal.

Es sollte lediglich ein kurzer Pirschgang werden, um Perlhühner zu schießen. Ich streifte frühmorgens durch den Busch, die Sonne brannte wohlig auf meiner Haut, die weite Landschaft mit ihren schütter stehenden, wunderschönen Schirmakazien beflügelte meine Schritte. Überall unendliche Weite und Freiheit. Ein Gefühl unverbrauchter Ursprünglichkeit umfing mich, lebendige Reglosigkeit webte über der Landschaft. »Es como el paraíso«, flüsterte in Südamerika einmal ein Einheimischer, als wir in den Weiten der Llanos Weißwedelhirsche jagten. »Wie im Paradies« - so fühlte ich mich auch jetzt. Ich war so glücklich, wie ich es nur sein kann, wenn ich jage. Als es wärmer wurde, setzte ich mich auf einen Sandsteinfelsen, lobte den Tag und dachte an Goethes Faust: »Verweile doch, du bist so schön!«

Nachdem ich die Umgebung durch das Fernglas nach Wild abgesucht und weder etwas Auffälliges gesehen noch gehört hatte, gönnte ich mir einen ordentlichen Schluck aus meiner Wasserflasche und zog dann weiter. Nach einer Stunde trank ich genüsslich den Rest und wollte den Heimweg antreten.

Frohen Mutes schulterte ich die Büchse, stapfte los, bekam aber nach wenigen Minuten Zweifel: In welcher Richtung lag das Farmhaus? Die Sonne stand direkt über mir, ich hatte keine Ahnung, wie ich die Himmelsrichtung hätte bestimmen können, es hätte mir auch nicht geholfen.

Ich hatte mich schließlich noch nie verlaufen, hielt mich in jugendlicher Überheblichkeit für zu erfahren, um mich zu verirren, und marschierte daher zuversichtlich weiter.
Nach einer weiteren Stunde quälte mich erneut großer Durst. Ich hatte einen unangenehmen Geschmack im Mund, mein Gaumen wurde immer trockener, die Flasche war leer, doch voller Optimismus schritt ich voran.

Fata Morgana - Durst
»Es gibt Hungerkünstler, aber keine Durstkünstler«, überlegte ich. Das Gegenteil von Hunger ist Sattheit. Aber das Gegenteil von Durst? Ohne feste Nahrung zu mir zu nehmen, würde ich längere Zeit aushalten, habe dies bereits am eigenen Leib erfahren, aber ohne Flüssigkeit?
Ich dachte an Antoine de Saint-Exupéry, an sein Buch »Wind, Sand und Sterne«, in dem er einen Flugzeugabsturz in der Sahara und seinen Marsch in die trockene Unendlichkeit der Wüste schildert. »Wir marschieren, weil wir marschieren«, heißt es da. Auch ich ging, weil ich gehen musste, getrieben von etwas, das man Überlebenswille nennt, und fragte mich: »Warum muss ich ausgerechnet allein in der staubtrockenen, ausgedörrten Savanne auf die Jagd gehen?«
Die Zunge klebte an meinem Gaumen. Der Gedanke an ein Bad in einem verdreckten Wasserloch löste Wonneschauer aus. Das Werbeplakat einer Bierwerbung kam mir in meinen inzwischen trägen Sinn: Ein einsamer Mann taumelt durch die sonnendurchglühte Wüste, vor ihm, wie eine Fata Morgana, schwebt ein Glas Bier. Schaum und Tropfen laufen am beschlagenen Glas herunter. Ich träumte von Wasser. »Wenn ich das hier überstehe, werde ich nur noch Wasser trinken. Immer nur kaltes Wasser trinken«, nahm ich mir vor.
Zum Durst gesellten sich Zweifel, aber ich stolperte weiter vor mich hin. »Nicht aufgeben«, sagte ich mir. »Alles geht gut aus«, redete ich mir ein. Vielleicht lag die Farm ja direkt vor mir. Aber vor mir lag nur Land, weites Land, unendliches Land. Und so unendlich groß das Land ist, so unendlich groß wurde auch mein Durst. Ich wusste, dass ich die Wasserflasche längst ausgetrunken hatte, vergewisserte mich dennoch mehrmals, aber sie blieb leer. Es gab nur eines: weitermarschieren, Stunde um Stunde, den Kopf gesenkt, apathisch auf den Boden starrend. Nur noch sporadisch blickte ich in die Ferne, in der Hoffnung, einen Windmotor am Horizont zu sehen. Je fester die Zunge am Gaumen klebte, umso träger wurden die Gedanken. Sie kreisten nicht mehr, sie trockneten ein. Ich hörte schließlich auf zu denken, marschierte sinnentleert weiter.

Meine Schritte wurden unsicherer, ich taumelte mehr, als dass ich ging, lehnte mich an den Stamm eines Kameldornbaumes, setzte mich dann in den spärlichen Schatten auf den verdorrten Boden und legte mich wenig später hin. Ich sehnte den Abend herbei, den Untergang der glühenden Sonne, etwas Kühle. Mein Durst schien unerträglich.

Die Luft flimmerte. Noch zeichneten die flachen Kronen der Schirmakazien transparente Kontraste in den heißen blauen Himmel, und über der endlosen, atemberaubenden Weite, als Grenze zwischen Raum und Unendlichkeit, wölbte sich die wolkenlose Himmelsglocke. Aber ich war kaum noch empfänglich für diese Schönheiten. Die Zeit rann schwerfällig dahin und mit ihr Mut und Hoffnung. Als die Sonne zu sinken begann, wich auch die Hitze, der Durst aber blieb. Mit zunehmender Dunkelheit wurde es erst angenehm frisch, dann kühl, dann eisig kalt.

Ich begann, meinen Leichtsinn zu verfluchen, lauschte immer wieder, aber kein Motorengeräusch war zu hören. Die Stille in dieser unberührten Landschaft, normalerweise im menschenleeren Busch von mir als Wohltat empfunden, sie erschien mir wie eine erdrückende Last. In einem meiner Bücher nannte ich es einmal: »Ich lauschte in das Lied des Schweigens.« Dieses Schweigen verwünschte ich nun, bis ich schließlich unruhig einschlief.

Während das Licht am östlichen Horizont aufglomm, das südliche Ende der Milchstraße allmählich verblasste, die Morgendämmerung den Himmel in ein leuchtendes Farbenmeer verwandelte, als ich aufwachte und es immer heller wurde, beschloss ich, liegen zu bleiben. Ich hatte keinen blassen Schimmer, wo ich mich befand und wohin ich mich wenden sollte, wo mein Ziel war. Im Grunde war es mir auch ziemlich gleichgültig.

Die Sonne stieg höher. Ob sie im Norden, Westen, Osten oder Süden aufging, war mir egal, ich hatte sowieso keine Ahnung, in welche Richtung ich gehen sollte, konnte kaum noch einen klaren Gedanken fassen, wollte nur noch trinken, trinken, trinken und schlief noch mal ein.

Als ich wieder wach wurde, schoss ich in die Luft. Das Signal »Hilfe, ich bin in Not!«, zweimal drei Schüsse, rollte durch die grenzenlose Einsamkeit. Ich horchte vergeblich - keine Antwort.

Am späten Vormittag schleppte ich mich weiter. Und dann das Wunder: Ich erreichte einen ausgetretenen Viehpfad, folgte ihm, bis ich zu einem Zaun kam, hatte aber immer noch keine Ahnung, in welcher Himmelsrichtung die Farm lag.

Der Zaun war mir egal, ich torkelte mehr im Unterbewusstsein fünf oder zehn Minuten daran entlang, ließ mich erschöpft unter einem Baum in den Schatten fallen und schlief wieder ein.

Als jemand an meinem Arm zerrte, wusste ich nicht gleich, ob es Wirklichkeit oder ein Traum war. Der Farmer hockte neben mir, hielt mir eine Wasserflasche hin, und ich schwor mir, nie wieder etwas anderes als Wasser zu trinken, Wasser, kaltes Wasser.
Abends saßen wir zusammen auf der Terrasse, kaum 500 Meter von dem Platz entfernt, an dem man mich gefunden hatte, und blickten ins weite Land. »Prost!«, grinste der Farmer, und das Eis klirrte in unseren Whiskygläsern.

Immer dem Wasser nach

Auch in Neuseeland, wo ich viele Jahre später meinen Lebensunterhalt als »deer culler«, als professioneller Rotwildjäger, verdiente, habe ich mich einmal verirrt.
Ich erinnere mich, dass ich auf der Nordinsel gejagt und zwei Sauen geschossen hatte. Auf dem Rückmarsch ging ein Wolkenbruch nieder. Ich musste eine weitere Nacht im Freien verbringen, denn nach starken Regengüssen konnten kleine Rinnsale zu reißenden Strömen werden. Es war lebensgefährlich, sie zu queren. Zusätzlich raubten Dunst und dichter Nebel jegliche Orientierung.
Ich folgte in solchen Situationen stets dem Rat eines Maori-Freundes: »Follow the water«, das heißt, konsequent einem Wasserlauf zu folgen, früher oder später traf ich dann auf einen Zaun, einen Weg oder eine Farm im Tal.

Verirrt im Nebel

Auch Nebel kann die Landschaft innerhalb von wenigen Minuten völlig verändern, sodass man jegliche Orientierung verliert. Ich kannte das aus Geschichten über Wattwanderer, die vor der Flut flohen, um ihr Leben rannten, aber nicht wussten, wohin. Dass mir selbst so etwas einmal passieren könnte, war für mich undenkbar. Und doch - es geschah. In Norwegen wurde mir auf der Rentierjagd dichter Nebel fast zum Verhängnis. Ich war am frühen Vormittag zur Jagd aufgebrochen. Um mich herum nur Natur. Die Sonne strahlte vom wolkenlosen Himmel, ich war glücklich, die Zivilisation hinter mir gelassen zu haben, und dachte an alles, nur nicht an Nebel. Aber dann kam er, erst nur ein durchsichtiger, zarter Schleier, doch er wurde langsam, aber stetig dichter und dichter. Anfangs genoss ich das Naturschauspiel, das Eingewobensein in diesem unfühlbaren Tüll, bis mir bewusst wurde, dass ich die Orientierung verloren hatte, das Gefühl für jedwede Richtung. Die Sonne war nicht mehr auszumachen. Der Himmel war bedeckt. Es war beklemmend. Grauer

Jagdglück in Namibia: eine Oryxantilope.

Mit dem Berufsjäger, Jagdführer und Autor Kai-Uwe Denker auf Elefantenjagd im Buschmannland.

Männliche Rappenantilopen imponieren auch durch ihre glänzend tiefschwarze Decke.

Ein Impala, auch bekannt als Schwarzfersenantilope.

Ein Weg wie so viele im Buschmannland – weitab jeder Zivilisation.

Eine Herde Elefanten im Schatten eines Baobab-Baumes.

Himmel, graue Felsen, alles grau in grau. Ein Gefühl der Verlorenheit machte sich in mir breit. Ich horchte in die Weite - nichts.
Nach über vier Stunden des planlosen Herumirrens stieß ich auf eine Straße. Die Zivilisation, vor der ich am Morgen geflohen war, hatte mich wieder. Ein Glücksgefühl, das wahrscheinlich nur derjenige kennt, der sich einmal verirrt hat.

»Nix Scheiße«

Elias, ein Herero, war der Erste, der mich mit den Geheimnissen der afrikanischen Wildbahn vertraut machte. Mit ihm habe ich viel Wild geschossen und seinen Scharfsinn, sein Wissen, aus dem großen Buch der Natur zu lesen, sich in Veld und Busch zurechtzufinden, schätzen gelernt. In diesem Veld, wie das offene, ebene Grasland der subtropischen Höhengrassteppen im südlichen Afrika genannt wird (Veld heißt »Land außerhalb der Stadt«), war Elias »zu Hause«.
Er sprach nur ein paar Brocken Deutsch. Seine Lieblingsausdrücke waren »kaputt«, »Halleluja«, »Pinkelpause« und für alles, was ihn erfreute oder ihm gefiel, »nix Scheiße«.
Kurz nach meiner Ankunft auf der Farm saß ich mit Elias an einem Wasserloch. Wie ausgestorben lag die Landschaft in der Glut der Mittagshitze. Unerwartet drang aus einer Buschgruppe rhythmisches, lautes Fauchen. »Leoparden!«, schoss es mir durch den Sinn. Erwartungsvoll schlich ich mit entsicherter Büchse um das Gebüsch herum den undefinierbaren Geräuschen entgegen, während mein Begleiter lächelnd zurückblieb. »Der Kerl hat Angst, dem werde ich zeigen, wie man gefährliche Großkatzen schießt«, dachte ich und tastete mich mit klopfendem Herzen weiter. Je näher ich kam, desto aufgeregter wurde ich. Bald war ich so nahe, dass ich glaubte, die blutrünstigen Katzen wären nur noch wenige Meter entfernt. Die Büchse im Voranschlag, starrte ich in den lichten Bewuchs, machte vorsichtig einen weiteren Schritt und stand - vor zwei großen Schildkröten. Während der Herr der beiden mit seinen kurzen Füßen Halt auf dem Rücken der Dame seines Herzens suchte, stieß sie die fauchenden lauten Töne in den stillen Mittag hinaus.
Als ich zu meinem Begleiter zurückkam, grinste er: »Nix Scheiße!«
Gemeinsam mit Elias erlegte ich auch meinen ersten Kudu-Bullen.
Eine geraume Zeit sind wir schon schweigend durch das Veld gepirscht. Da bleibt Elias abrupt stehen und starrt auf einen etwa 50 Meter entfernten Dornenbusch. Mein Blick folgt dem meines Gefährten. Da ich nichts Auffälliges entdecken kann, hebe ich vorsichtig das Fernglas vor die Augen, aber trotz angestrengten Spekulierens finde ich

nichts, während Elias immer noch mit ausgestrecktem Arm auf den Busch deutet.

Ein Tukan flattert davon, fällt in eleganten Segelflug und baumt in der Nähe wieder auf. Mücken, Fliegen und Käfer summen und brummen, sonst herrscht Stille. Sosehr ich auch suche, ich entdecke kein Wild, will weitergehen, als Elias sich vor mich stellt und mir bedeutet, das Gewehr auf seiner Schulter aufzulegen. Er ergreift die Mündung der Büchse, bewegt sie, bis sie in Richtung des ominösen Busches zeigt, und pfeift.

Nichts Außergewöhnliches geschieht.

Elias pfeift lauter, durchdringender, und ich sehe gegen das gleißende Sonnenlicht, wie sich ruckartig ein Stück Wild erhebt: Zwei hellsilbern glänzende, lyraförmige, leuchtende Kudu-Hörner ragen über dem dichten Gezweig empor, fast unwirklich, so wunderschön, so überwältigend wirken sie.

Der Kudu war nicht sonderlich stark - ich schoss weitaus kapitalere -, aber er erschien mir damals gewaltig. Die erfolgreiche Pirsch machte mich stolz, als hätte ich einen Bestseller geschrieben. Wahrscheinlich, weil es mein erster Kudu war, haben sich das Bild und seine Erlegungsgeschichte so unauslöschlich in mein Gedächtnis eingeprägt. Der Grundstein für viele Jagdreisen auf dem afrikanischen Kontinent war gelegt.

Mein afrikanisches Einhorn

Auf meinen Rundfahrten durch das Farmgelände brauchte ich das Auto meistens nicht zu verlassen. Die mich begleitenden Jagdhelfer sprangen hilfsbereit vom Wagen, öffneten die Tore für die Durchfahrt und schlossen sie anschließend wieder.

Einmal allerdings entdeckte ich an einem riesigen Termitenhügel Termitenpilze, weiß leuchtende Gebilde mit schuppenartigen Schirmen, die köstlich schmecken. Ich sprang aus dem Auto, »pflückte« die Pilze - besser: zog sie aus den Löchern des steinharten Erdreichs -, ging um den Termitenhaufen herum und fand das abgebrochene Ende einer Kudu-Stange!

Die Schwarzen hatten mir von einem Kudu erzählt, dessen linkes Horn zur Hälfte fehlte. Und nun - drei Wochen später - fand ich die abgebrochene Spitze! In der folgenden Zeit versuchte ich, wann immer es meine Zeit erlaubte, den Bullen zu finden, und realisierte, was das im afrikanischen Busch bedeutet und wie schwierig es ist, ein bestimmtes Stück Wild in der Weite des Veldes wiederzufinden.

Der Kudu-Bulle mit dem abgebrochenen Horn narrte mich fast ein Jahr lang.

Am Tage verfolgte er mich in meinen Gedanken und des Nachts in meinen Träumen. Wann immer ich es einrichten konnte, saß ich vor Arbeitsbeginn, über Mittag, bei glühender Hitze, wenn die Luft flimmerte, oder bis zur Dunkelheit an einem Wechsel zum Wasserloch. Kaum eine Autofahrt verging, die ich nicht nutzte, einen Abstecher zu dem Farmteil zu machen, in dem ich seinen Einstand vermutete.
Zweimal wurde er noch gesichtet - nicht von mir, aber jedes Mal flammte Hoffnung in mir auf, ihn zu Gesicht zu bekommen.
Mein anfangs krankhafter Ehrgeiz, den »Abgebrochenen« zu erlegen, ließ von Monat zu Monat nach und versiegte schließlich.
Als wieder Fleisch auf der Farm benötigt wurde, saß ich mit Elias rund 100 Meter von einem Wasserloch entfernt unter einem Kameldornbaum. Der akazienähnliche Nationalbaum Namibias mit seinen bis zu zehn Zentimeter langen weißen Dornen ist in meiner Erinnerung eng mit meinen Jagdzügen im südlichen Afrika verbunden.
Soldaten der Schutztruppen hatten die Bäume »Giraffenakazie« getauft, wahrscheinlich, weil Giraffen die einzigen Tiere sind, die die Blätter bis fast zur Spitze hin abäsen können. In Afrikaans heißt Giraffe »Kameelperd«. Die Buren nannten daher den Baum »Kameelperdboom«, die Deutschen krempelten ihn in Kameldornbaum um, obwohl es in diesem Teil Afrikas nie wilde Kamele gegeben hat. Elias war ein Meister im Erklimmen hoher Bäume. Ich glaube, er fühlte, wenn Wild in unserer Nähe stand. Manchmal kletterte er ohne für mich ersichtlichen Grund auf einen dieser gewaltigen Stämme, um Ausschau zu halten. Meistens hatte er Erfolg.

Zweierlei Waidgerechtigkeit?

Der Busch erstarb in der flimmernden Mittagshitze, wir hofften auf Wild an einem Wasserloch. Zeit zum Meditieren.
Das Schießen an der Tränke wird in Deutschland von vielen Jägern aus ethischen Gründen abgelehnt. Dieselben Jäger schießen aber Tauben an der Wasserstelle, Raubwild am Luderplatz, Hirsche am Wildacker oder Sauen an der Kirrung. Warten an solchen Orten bedeutet allerdings nicht das Sich-Messen zweier Wettkämpfer, es ist vielmehr Intellekt und hoch entwickelte Technik auf der einen Seite, und es bedeutet scharfe, geübte Sinne, Äugen, Vernehmen und Wittern, dazu große Geschicklichkeit, Schnelligkeit, Anpassungsfähigkeit und Tarnung auf der anderen.
Beim Ansitz an einem Wasserloch gibt es fast immer etwas zu beobachten, und man kann das Wild in Ruhe ansprechen und zudem sicher schießen.

Die Sonne näherte sich langsam dem Horizont und machte nun, nachdem es nachts eisig kalt gewesen war, Pullover und Jacke zu einem überflüssigen Ballast.
Morgensterne, winzige, gelb blühende Blumen, sprossen überall aus dem Boden. Wie kleine Wunder wirkten sie in der Dürre des verbrannten Landes. Aus einem Akazienbusch vernahm ich vertraute Klänge: Dort sang ein Vogel, dessen Lied wie das einer Grasmücke klingt, laut und fröhlich. Die Melodie ließ die Gedanken in heimatliche Jagdgründe schweifen.
In der Krone eines anderen Baumes hatten Siedlersperlinge ein riesiges »Gemeinschaftsnest« gebaut. Die zahlreichen, nach unten weisenden Einschlupflöcher ließen ahnen, dass Scharen von Vögeln an dem Bau dieses Meisterwerks beteiligt gewesen waren. Während der Brut- und Aufzuchtzeit hatte hier ein munteres, hektisches Treiben geherrscht.
Mein neben mir hockender Begleiter »manikürte« sich bereits seit einer halben Stunde mit einem großen angerosteten Messer intensiv die Fingernägel. Als er die Reinigung schließlich zu seiner Zufriedenheit beendet hatte, zog er die Sandalen aus und begann mit der Fußpflege. Obwohl er sich allem Anschein nach ausschließlich seinen Gliedmaßen widmete, entging seinen Augen auch nicht die leiseste Bewegung in unserer näheren und weiteren Umgebung.
Plötzlich berührt er behutsam meine Schulter. Wie schon so oft starre ich in die Richtung, in die Elias schaut, und, wie so viele Male zuvor, muss ich mein Fernglas zu Hilfe nehmen, um den Kudu-Bullen auszumachen, den er längst mit bloßem Auge im Gestrüpp entdeckt hat. Und noch etwas beschleunigt meinen Puls: Vor uns steht ein »Einhorn«!
Die Büchse auf den Knien aufgelegt, ist der Schuss auf 60 Meter kein Problem. Der Bulle stürmt allerdings davon. Euphorie macht unvorsichtig!
Nach viel zu kurzer Wartezeit folgen Elias und ich der Wundfährte in den dichten Busch. Auf dem Fluchtweg hängt noch feiner Staub über der Erde. Nach etwa 300 Metern finden wir den Bullen. Er liegt friedlich auf braunem Gezweig, den schweren Kopf aufrecht an einen Busch gelehnt, als hätte er sich niedergetan, die Lichter sind noch offen, und wäre da nicht das kleine, hässliche rote Loch zwei Handbreit hinter dem Blatt, ich hätte wahrscheinlich auf kurze Distanz noch einmal auf den Bullen geschossen.
Ich habe seitdem in etlichen anderen Ländern Afrikas gejagt, viele, viele Antilopen geschossen, deren Erlegungsgeschichte ich längst vergessen habe, die des Einhorns aber lebt, wie keine andere, in meiner Erinnerung weiter.

Mein Hals ist staubtrocken. Ich verspüre unsäglichen Durst, bin ziemlich erschöpft und froh, endlich allein zu sein, nachdem Elias fort ist, um das Auto zu holen.
Ich nehme mir stets gerne etwas Zeit, nach dem Erlegen eines Stückes am Wild zu verweilen, bevor es aufgebrochen und geborgen wird. Gäste, die ich durch den Busch führte, ließ ich, wenn sie etwas erlegt hatten, möglichst auch allein. Meist benutzte ich dann die Ausrede: Ich müsse den Wildtransport vorbereiten.
Ich meine, jeder Jäger braucht nach dem Schuss auf ein Lebewesen einen Augenblick der Besinnung, um darüber nachzudenken, was es bedeutet, Herr über Leben und Tod zu sein.
Die Gedanken schweiften ziellos umher. Ich erinnerte mich an meinen verstorbenen Jagdfreund, den in Namibia nicht nur unter Farmern und Berufsjägern legendären Hubertus Graf zu Castell-Rüdenhausen, Autor zahlreicher Jagd- und Kinderbücher, mit dem ich gemeinsam so manche Safari durchgeführt und viel Zeit auf der Jagd verbracht habe. Er erzählte mir am Lagerfeuer von der Nachsuche eines Oryxbullen mit seinem Hannoverschen Schweißhund Burschel, bei der er die Hornspitzen der angeschossenen Antilope im dichten Busch sah, aber nicht schießen konnte. Die einheimischen Begleiter warfen daraufhin mit »Klippen«, kleinen Steinen, nach dem Stück, das mit der Spitze eines Hornes jeden Wurf exakt parierte und den Stein zielgenau, wie ein Kricketspieler, abwehrte.

»Honigvogel nicht gelügt!«

Adam war ebenfalls ein bemerkenswerter Jäger mit einem noch bemerkenswerteren Appetit. Er hatte keine Probleme, zum Abendessen eine Impala-Keule, mehr als fünf Kilogramm schieres Fleisch, zu verspeisen, anschließend wanderten seine Blicke unruhig umher, ich meinte immer noch Hunger in seinen Augen zu erkennen. Er verschlang alles in einer unglaublichen Geschwindigkeit, obwohl sich ein Großteil seiner Zähne schon lange von ihm verabschiedet hatte. Wahrscheinlich hatten sie nie eine Bürste oder Zahncreme, geschweige denn einen Arzt gesehen.
Während er sich mit dem schweren Buschmesser mit Hingabe der intensiven Pflege seiner wenigen verbliebenen Zähne widmete, erzählte Adam einmal auf Safari, nachdem wir einen ziemlich angekohlten Hartebeest-Rücken fast vollständig verspeist hatten, er hatte den Löwenanteil in sich hineingestopft, dass er vor vielen Jahren einen halben, mit Strychnin vergifteten Ochsen verzehrt hatte, den ein Farmer als Köder für Löwen ausgelegt hatte. Der Farmer schickte ihn zum Arzt, der nur

Große Kudus an einem Wasserloch im südlichen Afrika.

Oryxantilope in der sengenden Mittagshitze Afrikas.

Beim Ausschauhalten nach Wild kommen Termitenhügel wie gerufen.

bedauernd mit den Achseln zuckte, da nichts mehr zu machen sei, um Adam zu retten. Aber der Patient erholte sich, und wenn er nicht gestorben ist, dann lebt und isst er noch heute fröhlich weiter.

Adam war Muslim, was ihn nicht davon abhielt, auch Warzenschweine mit Genuss zu vertilgen. Wenn uns auf Safari andere Muslime begleiteten, lief er nach dem Schuss, sobald das Wild lag, zu ihm und schächtete es »nachträglich«. Wurde ein Stück erst nach einer Nachsuche gefunden, schnitt Adam ihm demonstrativ noch die Kehle durch, damit es »ausblutete«. War es dunkel, verzichtete er auf die Prozedur, denn in der Nacht könne Allah nichts sehen, war er überzeugt.

Er war ungemein praktisch veranlagt. Als wir im Busch eine Reifenpanne hatten und kein Reserverad, schien guter Rat teuer. Aber im Nu war der Land Rover mit dem Wagenheber hochgekurbelt und der defekte Reifen an der Seite aufgeschlitzt. Die Schwarzen schwärmten aus, sammelten Gras, zerpflückten es in kleine Teile und stopften es für die Weiterfahrt in den geplatzten Schlauch.

Adam war einer der wenigen Ureinwohner, denen ich begegnet bin, die Mitleid mit Tieren hatten, zudem besaß er ein großes Herz. Als wir nach zwei langen, erfolglosen Jagdtagen erschöpft Richtung Lager wanderten, erschien ein kleiner Vogel und machte durch Gepiepse auf sich aufmerksam. Adam imitierte die Rufe, der Piepmatz ließ sich auf einem Baum nieder, antwortete, und dann fand so etwas wie ein Zwiegespräch zwischen dem Honigvogel und Adam statt.

Unsere Müdigkeit war verflogen. Wir folgten dem Vogel. Flog er zu schnell, pfiff Adam, und gehorsam wartete unser geflügelter Führer, bis wir heran waren, woraufhin er weiterflog. Schließlich blieb er auf einem Baum sitzen. Die Schwarzen untersuchten den Stamm, konnten aber nichts Besonderes entdecken, während der Vogel vergnügt von seinem Ast zu uns herunterblinzelte.

Meine Begleiter lachten über Adam und behaupteten, der Honigvogel habe ihn belogen. Adam wurde wütend. Doch dann entdeckte er Bienen, die aus einem Astloch surrten und wieder darin verschwanden. »Siehst du, Bwana, Adam nicht dumm, Vogel nicht gelügt!« Der Baum war hohl. Adam schlug ein Loch in den Stamm, steckte trockenes Gras hinein, zündete es an, um mit dem Qualm die Bienen zu vertreiben. Dann langte er hinein und förderte, ohne sich um die Stiche zu kümmern, Waben mit Honig zutage.

Die Mannschaft stürzte sich auf die Beute, aber Adam nahm ihnen zwei Waben weg, legte sie in die Öffnung und rief dem Vogel zu: »Dank für Hilfe, hier dein Anteil!«

Später vertraute er mir an, dass Honigvögel, wenn man sie nicht für ihre Hilfe belohnt, die Menschen das nächste Mal in die Irre, mitunter auch zu hungrigen Raubtieren führen.

Morgen vielleicht schon tot

Auf der Farm führte der Ovambo Matthäus ein strenges, vor allem jedoch lautes Regiment. Für ihn war viel Krach gleichbedeutend mit viel Arbeit. Er war für die Küche zuständig, obwohl er in einem allen Gesetzen der Hygiene hohnsprechenden Zustand herumlief. Für jeden Frankensteinfilm oder die Verkörperung des Quasimodo in »Der Glöckner von Notre-Dame« wäre er idealer geeignet gewesen als für seinen Job im Heiligtum der Farmerin.

Einmal saßen wir vor dem Farmhaus am Swimmingpool. Der Holzkohlegrill glühte, ein riesiges Stück Fleisch lag auf einem Tablett neben der Feuerstelle und wartete darauf, von Matthäus geröstet und von uns verzehrt zu werden.

Die deutschen Gäste amüsierten sich über einige Paviane, die den Braten längst gerochen hatten und in respektvoller Entfernung hofften, an dem Festmahl partizipieren zu können. In einem unbeobachteten Moment, Matthäus war ins Haus gegangen, um kalte Getränke zu holen, näherte sich ein Pavian dem Grill. In dem Moment kam Matthäus mit vollen Händen wieder aus dem Haus, legte die Flaschen hektisch auf den Boden und rannte schreiend, wild gestikulierend zu dem Affen, der sich des großen Filets bemächtigt hatte und es, unter den Arm geklemmt, davonschleppte. Andere Clanmitglieder folgten ihm in respektvollem Abstand, und Matthäus stürmte laut schnaubend hinter der Affenbande her, bis der Dieb seine Beute im Stich ließ und die ganze Primatengesellschaft verschwand. Matthäus griff das von allen so begehrte Fleischstück und legte es in aller Seelenruhe auf den Grill.

Matthäus und ich waren unzertrennlich. Er war nicht unbedingt ein Muster an Fleiß und Ordnung, aber ein guter Jäger, von dem ich viel gelernt habe. Nicht nur über das Leben im Veld und die Jagd, auch über die Mentalität der Schwarzen.

Er hatte Augen wie ein Adler, konnte feinste Nuancen auf große Entfernung wahrnehmen, selbst dort, wo ich mich mit dem Glas schwertat, noch Konturen ausmachen und arbeitete auf der Wundfährte nicht schlechter als ein guter Schweißhund. Manches Stück Wild hat er für mich nachgesucht, und nur ein einziges Mal ging ein angeschweißtes Stück verloren. Es war ein Warzenschweinkeiler, den ich im unübersichtlichen Gelände angebleit hatte. Die Sonne schoss erbarmungslos

Hitze aus dem strahlenden Mittagshimmel. Wir hatten im Schatten eines Baumes Rast gemacht, als die Sau erschien. Schnell griff ich nach der Büchse, aber mein übereilter Schuss fand nicht das richtige Ziel. Matthäus entdeckte Schweiß, allerdings erst ein paar Schritte vom Anschuss entfernt, eine Handbreit über dem Boden an staubgrauen Zweigen abgestreift. Die winzigen Spritzer gaben keine Klarheit über den Sitz der Kugel. Die Sonne brannte, der Schweiß trocknete schnell, wurde braun und hob sich kaum noch vom Sand, von den Gräsern und vom steinigen Boden ab. Der Junge kroch auf Händen und Knien durch das dichte Gestrüpp. Die Schweißtropfen waren nur stecknadelkopfgroß und meterweit voneinander entfernt. Schaleneindrücke waren in dem steinigen Grund nicht auszumachen. Bei glühender Hitze kroch ich hinter ihm her. Dornen zerrissen das Gesicht, zerkratzten Arme und Hände, Stacheln bohrten sich in die Beine und brannten wie glühende Nadeln. Über eine Viertelstunde lang folgte Matthäus einer für mich unsichtbaren Spur, kreiste wie ein Schweißhund, ging zurück, während ich hilflos zuschaute, dann verlor sich die Schweißfährte im grauen Staub zwischen den Steinen, sodass wir frustriert abbrechen mussten.
Wie viele von ihnen lebte auch Matthäus, im Gegensatz zu uns Weißen, bequem und glücklich nur dem Heute, ohne an ein Morgen zu denken. Sagte ich ihm, was wir am nächsten oder übernächsten Tag machen wollten, meinte er beleidigt: »Morgen nich heut, kann morgen schon tot sein, wenn Mukuru will, dann ich hab umsonst an Arbeit gedacht!«
Als wir nach der Jagd gemeinsam am Feuer saßen, war Matthäus ungewöhnlich wortkarg. Auf meine Frage hin erfuhr ich, dass er Zahnschmerzen hatte, aber nicht mehr lange. Er brach einen Zweig von einem Baum ab, steckte ihn in die Glut, zog ihn nach ein paar Minuten heraus, drückte seine Unterlippe runter und stieß die glühende Holzspitze in das Loch seines Gebrechs. Dabei tanzte er wie Rumpelstilzchen auf und ab und schrie dabei wie ein Verrückter. Plötzlich verhielt er, warf den Zweig zurück ins Feuer und strahlte: »Hab ich Feuer in Zahn gesteckt, hat Feuer Zahnschmerz gefressen.«
Als ich mich von ihm verabschiedete, weil ich Afrika verlassen musste, und ihn fragte, ob er mit nach Deutschland kommen wolle, meinte er: »Bwana, ein wildes Tier kann man nicht zähmen!«
Ich bin mir nicht sicher, ob er es auf sich oder auf mich bezog.

Entwicklungshilfe - Afrika tickt anders

Entwicklungshilfe war schon, bevor ich nach Afrika ging, ein viel diskutiertes Thema in Deutschland. Ohne den afrikanischen Kontinent und dessen Probleme wirklich zu kennen, hatte auch ich eine festgefügte Meinung. Phrasen wie »Es ist unsere Pflicht, wiedergutzumachen, was die Europäer in der Kolonialzeit verbrochen haben« oder »Den bettelarmen Ländern muss geholfen werden« und andere, von Unwissenheit getrübte Begründungen hatten mich bis dahin überzeugt. Bald wurde ich aber eines Besseren belehrt und änderte meine Meinung über Entwicklungshilfe, wenn sie ohne fundierte Landeskenntnisse weit entfernt vom Einsatzort von einem Schreibtisch aus geplant wird.

Die Himbas, das einzige noch in alten Traditionen lebende Nomadenvolk im südlichen Afrika, wandern mit ihren Viehherden von Wasserstelle zu Wasserstelle. Ist das kostbare Nass versiegt, ist auch das Gras in der Umgebung abgeweidet, und es geht zur nächsten Quelle. Da schritten Schweizer Entwicklungshelfer ein. Sie bohrten nach Wasser, wurden fündig, und nun sprudelt es Tag und Nacht aus dem tiefen Boden. Das Gras im weiten Umfeld war bald abgefressen, die Rinder verhungerten, Wild war längst abgewandert. Die Viehhirten lagerten trotzdem weiter an den Wasserstellen. Seit Urzeiten hatte sie die Natur gelehrt: Wo Wasser ist, können sie leben und überleben. Eine Wahrheit, die von den Europäern zunichtegemacht wurde.

Im Buschmannland hatten Elefanten die Windmotoren für Wasserpumpen zerstört. Notdürftig versuchten wir sie instand zu setzen und die Dickhäuter fernzuhalten, aber unsere Bemühungen waren nicht von langer Dauer. Geld, um die Schäden zu reparieren, gab es weder vom Staat noch von ausländischen Hilfsinstitutionen. Die Bitte der Kommune um Ersatzteile wurde nicht erfüllt, stattdessen mussten die Einheimischen über ein Jahr lang warten, dann wurden unnötigerweise neue Motoren eingeflogen, obwohl die alten verhältnismäßig einfach wieder hätten flottgemacht werden können.

In Tansania hatte eine gemeinnützige Organisation in zwei Dörfern tiefe Brunnen gebohrt, sehr zur Erleichterung der Dorfbewohner. Das allerdings gefiel den Menschen in der Nachbarschaft nicht. Sie überfielen die beiden Orte und zerstörten die neuen Errungenschaften. Als nach einem Jahr noch einmal Brunnen gebaut wurden, wurden sie erneut von den verfeindeten Nachbarn dem Erdboden gleichgemacht.

In der Nähe der Stadt Gobabis wurde mit Mitteln aus der Entwicklungshilfe gegen den Rat Einheimischer ein Schlachthof gebaut. Die Überreste einer riesigen Bauruine lassen nur erahnen, wie viele Steuergelder buchstäblich in den Sand gesetzt wurden.

Die derzeitige Entwicklungspolitik der Europäischen Union scheint mir nicht geeignet, die Armut in Afrika zu lindern. So werden

Während unserer Fotosafaris konnten wir auch häufig Zebras beobachten.

Oryxantilopen können längere Zeit ohne Wasserstelle auskommen.

Eine improvisierte Dusche mitten im afrikanischen Busch.

Drei Blaubrustspinte – eine gesellige Vogelart, die eher als Bienenfresser bekannt ist.

In Tansania erlegte ich mit meinem Freund Joschka Magyar u.a. diese Rappenantilope.

Eine imposante Erscheinung kündigt sich an.

landwirtschaftliche Produkte und Bodenschätze aus Afrika exportiert, ohne dass die afrikanische Bevölkerung von der lukrativen Weiterverarbeitung und Vermarktung profitiert. Die findet ohnehin in wohlhabenden Industrienationen statt. Pervertiert wird die Entwicklung dadurch, dass aus reichen Industriestaaten subventionierte Güter nach Afrika exportiert und zu Preisen angeboten werden, mit denen dortige Produzenten nicht konkurrieren können.

Auch der mit ausländischen Geldern geförderte Tourismus in von der Zivilisation kaum berührten Regionen ist ein Fehler im System. Man bringt der bescheidenen Landbevölkerung Geld, das sie nicht gebraucht hatte, bis die anspruchsvollen, verwöhnten Gäste aus dem Ausland kamen und in Windeseile Einfluss auf die ursprünglichen Kulturen nahmen.

Wild statt Rinderzucht

Armut, Kriminalität, Bettelei, Drogenprobleme und Arbeitslosigkeit waren die Ausnahme, als ich meine Afrikakarriere begann. Die Einheimischen grinsten, wenn ich den Zündschlüssel aus meinem geparkten Auto zog oder eine Tür abschloss. In europäischen Zeitungen wurde über Apartheid geschrieben, aber die politischen Verhältnisse waren stabil, die Wirtschaft blühte, Südwest war ein Land für Individualisten, jagdlicher Massentourismus unbekannt. Jagen war noch kein für jedermann käufliches Vergnügen.

Auf Langstreckenflügen genoss ich die freien Getränke der Bar, nicht selten stellte die Stewardess nach meiner dritten oder vierten Bestellung eine Flasche Whisky vor mich, und wir waren beide zufrieden.

Flughäfen waren einfache Gebäude, in denen die Gäste von großzügigen Zöllnern abgefertigt wurden. Heute gleichen sie Shoppingcentern, in denen Zollbeamte Dienst nach Vorschrift machen und Ein- sowie Ausfuhr von Waffen und Trophäen zu einer unerfreulichen Aktion werden, mit stunden- und kilometerlangen Schlangen bei den Einreiseschaltern sowie umständlichen Kontrollen. Wie einfach war es früher, ohne mühselig und mit einer langen Vorlaufzeit ein Visum beantragen zu müssen. Früher, ja früher hieß Reisen eine Fahrt ins Ungewisse, mit Problemen umzugehen an Orten, wo noch nie oder kaum jemals ein Tourist gewesen war. Heute verlangen Jagdtouristen, dass sämtliche Risiken ausgeschlossen werden, Referenzen schon im Vorfeld eingeholt wurden, jedwede Probleme bereits vor Antritt der Reise bekannt sind, und das alles selbstverständlich mit Reiserücktrittsversicherung.

Die von Dürren, Seuchen und Hungersnöten heimgesuchten Viehzüchter standen vor großen Problemen. Wilde Tiere waren in erster Linie

Nahrungskonkurrenten für ihr Vieh. Galten Farmen als »game free«, waren sie eher verkäuflich als solche, die noch gute Wildbestände hatten. Abschüsse zu vermarkten war den meisten Farmbesitzern fremd. Erst nach und nach ließen sie Jäger aus Übersee am Wildreichtum ihrer Farmen teilhaben. Wildfarmen wurden zunehmend einträglicher als Rinderzucht.

Seitdem ich das erste Mal afrikanischen Boden betreten hatte, bin ich fast 40 Mal auf diesem wunderbaren Kontinent gewesen, zur Jagd dorthin geflogen. Die Ansprüche meiner Gäste haben sich gewandelt. Meine Jagdzüge glichen mitunter kleinen Expeditionen, waren noch keine »Sonntagsausflüge und Rummelplatzbesuche mit Abstechern zur Schießbude«, wie es ein Freund von mir einmal ausgedrückt hat.

Vom Schießvergnügen zu nachhaltiger Wildbewirtschaftung

Das Wort »Safari« stammt aus der Swahili-Sprache und steht für »Reise«. Auch ein längerer Spaziergang ließe sich demnach als Safari bezeichnen. Im deutschen Sprachraum verstand man ursprünglich unter Safari vor allem eine Jagdreise in Ostafrika auf Großwild. Der Begriff wurde dann auf die wildreichen Gebiete im südlichen Afrika sowie in Indien ausgedehnt und steht heute meist für Tourismus in Nationalparks, wo Tiere beobachtet und fotografiert werden.

Seit Jahrhunderten reisen Jäger in ferne Gefilde, um zu jagen. Das liegt unter anderem an weniger werdenden Jagdmöglichkeiten sowie komplizierter werdenden Abschussrichtlinien und Anfeindungen durch der Jagd sehr kritisch gegenüberstehenden Ideologen im eigenen Land. Gewiss besteht aber auch oftmals der Wunsch, »exotisches« Wild zu bejagen.

Eine moderne, kontinenteüberspannende Touristikindustrie erschließt Jägern abgelegene Gegenden in der ganzen Welt, in denen sie kontrolliert seltenere Wildarten bejagen können.

Dass Menschen ihrem Jagdvergnügen in anderen Ländern nachgehen, ist schließlich nicht neu, war schon seit Anfang des 19. Jahrhunderts »in«.

Bereits 1909 wurde eine der bekanntesten und aufwendigsten afrikanischen Safaris, Theodore Roosevelts Exkursion in das britische Ostafrika, durchgeführt. Mindestens ebenso lange gibt es entsprechende Vermittlungsbüros. Führend auf diesem Gebiet war Newland, Tarlton & Co. in Nairobi.

Damalige Ausstatter trafen alle Vorkehrungen, stellten die Safarimannschaft aus Trägern, Spurenlesern, Camp-Personal, Köchen, Skinnern etc. zusammen und sorgten für den Proviant der einheimischen Arbeiter, ohne die eine Safari unmöglich war. Vor der Einfuhr von Kraftfahrzeugen reisten die meisten Safaris zu Fuß und zu Pferd, und es waren 50, 100, bisweilen auch mehr einheimische Begleiter an einer Safari beteiligt.

So ist es verständlich, dass Jagdtourismus nur etwas für Gutbetuchte war. Heute kann sich fast jeder Jäger eine Jagdreise leisten. Unter dem ehemaligen Privileg für Reiche, Schöne und Adelige leidet die Auslandsjagd allerdings noch immer.

Als Europäer erste Safaris in Afrika durchführten, war der Wildreichtum immens, es war kaum vorstellbar, er könnte jemals weniger werden. Es gab so viel Wild, dass der Jagdtourismus auf die riesigen Bestände kaum Auswirkungen hatte. Gefährlich war die kommerzielle Jagd wegen des Fleisches, der Häute, des Elfenbeins, der Zähne oder auch des Aberglaubens.

Während es heute zahlreiche, durch internationale Abkommen geschützte Arten gibt, waren solche Klassifizierungen kurz nach der Jahrhundertwende unbekannt. Dem Zeitgeist entsprechend, spielte Tierschutz kaum eine Rolle.

Als auch in Afrika erste Jagdgesetze erlassen wurden, waren weitsichtige Biologen, Zoologen und Wildhüter aus Deutschland und England daran maßgeblich beteiligt. Ihr Bestreben war nachhaltige Jagd, an der die einheimische Bevölkerung partizipiert und von der die örtlichen Kommunen profitieren.

Einsamer Baum in afrikanischer Weite: eine Schirmakazie.

Heute wird Jagdtourismus weltweit nachhaltig betrieben, als Instrument des Naturschutzes betrachtet und ist Teil des Ökotourismus.

Kein Platz für wilde Tiere

Der rasante Bevölkerungsanstieg und die zunehmende Industrialisierung haben auch in Afrika Spuren hinterlassen. Große zusammenhängende, naturbelassene Gebiete werden mehr und mehr von Straßen, ursprüngliche Landschaften von Eisenbahnstrecken durchschnitten. Mit jeder neuen asphaltierten Straße, mit dem Bau jedes neuen Hotels in unberührter Landschaft stirbt jedoch ein weiterer Teil des alten Afrikas. Unkontrollierter Raubbau lässt Wälder verschwinden, ohne dass auf Wildtiere Rücksicht genommen wird, sie haben keine Lobby.

Viehbestände vergrößern sich zunehmend, dadurch setzt sich die ins Elend führende Spirale nahezu ungebremst fort. Das überweidete Land wird immer unfruchtbarer, je mehr es abgegrast und zertrampelt wird. Was riesige Wildbestände in Jahrhunderten nicht vermochten, schaffen Viehherden in wenigen Jahrzehnten: wertvolles Weideland zu verwüsten.

Bereits zu Anfang meiner Afrikazeit lernte ich, dass viele Einheimische eine andere Einstellung gegenüber wilden Tieren haben als wir. Bezeichnend ist das Wort »Nyama«. In Kisuaheli (auch Suaheli oder Swahili genannt), der Umgangssprache Ostafrikas, bedeutet es »Fleisch« und »Wildtier« gleichermaßen. Die Bevölkerung betrachtet Wildtiere, mit Ausnahme der großen Katzenarten, lediglich als überlebenswichtige Fleischlieferanten, sieht in ihnen nur das unentbehrliche Lebensmittel.

Für die Landbevölkerung sind Wildtiere Nahrungskonkurrenten und Bedrohung für die Viehbestände zugleich. Ein kaum lösbarer Konflikt für die Steppen Afrikas und die Weiten des asiatischen Raumes ebenso wie für Regenwald oder Arktis. Bevölkerungszahlen schnellen in die Höhe, der Druck auf Wildtiere und Umwelt wächst. Nahrungsangebote werden immer knapper und decken kaum noch den Bedarf von Mensch und Wildtier, Rückzugsgebiete und Lebensräume schrumpfen in zunehmend bedrohlichem Ausmaß.

In vielen Teilen der Erde können Menschen nur durch das Erlegen von Wildtieren überleben. Legale, selektive, nachhaltige Bejagung ist aber allein von staatlicher Seite aus kaum zu kontrollieren.

Schon lange nutzt man daher weltweit die Erfahrung, dass langfristig lizenzierte Berufsjäger den Schutz des Wildes besser gewährleisten als staatliche Wildhüter, weil sie mit der Jagdkonzession, durch die zahlende Jagdtouristen innerhalb festgelegter Abschussquoten die Möglichkeit

erhalten, Wildtiere zu erlegen, ihre Existenzgrundlage verteidigen und hinsichtlich ihrer Ausrüstung und Bewaffnung den Wildererorganisationen zumindest ebenbürtig sind.
Während früher Großwildjäger auf ihren Safaris ein wachsames Auge auf die Wilderer hatten, stehen Wildhüter heute in Ländern ohne geregelte Trophäenjagd allein auf weiter Flur.
Moderne waidmännische Jagd ist ein unverzichtbares Glied in der Kette des weltweiten Naturschutzes, Jagdtourismus in vielen Ländern ein ökonomisch außerordentlich wichtiger Zweig der Volkswirtschaft. Ein Freund von mir, der Jagdwissenschaftler Professor Heribert Kalchreuter, schrieb einmal: »Man darf sich keinen Illusionen hingeben. In Entwicklungsländern wird sich das Wild nur halten können, wenn es wirtschaftlich mit anderen Formen der Landnutzung konkurrieren kann.«

Jagdsafaris - ein Beitrag zum Natur-, Arten- und Menschenschutz
So paradox es auch klingen mag: Im Kampf gegen das »wilde Abknallen« von Tieren überlegt man, die Großwildjagd in den Ländern, in denen sie zum Schutz der Wildtiere ursprünglich verboten wurde, wieder zu legalisieren, denn durch geregelten Jagdbetrieb werden Tiere vor Wilderei, dem Hauptgrund drohender Ausrottung, geschützt. Ein Beispiel von vielen ist der Bestand des Breitmaulnashorns in Namibia und Südafrika.
Auch einige europäische und indische Großwildarten überlebten nur, weil Gebiete für die Jagd reserviert waren, etwa der Wisent im Białowieża-Urwald, die indischen Löwen im Gir-Wald und der Alpensteinbock, dessen Bestände bis auf den Jagdpark des italienischen Königs Vittorio Emanuele ausgerottet worden waren und von dort aus in den restlichen Alpen wieder eingebürgert wurden.
Naturschutz und Naturnutzung sind ihrem Wesen nach keine Gegensätze. Das eine kann ohne das andere nicht existieren. So betrachtet leisten Jagdtouristen durchaus praktische Entwicklungshilfe.
Jäger werden jedoch verstärkt mit der Unterstellung konfrontiert, sie trügen in fremden Ländern maßgeblich zur Ausrottung der Tierarten bei. Tier- und Naturschützer, Hunderte von jagdfeindlichen Organisationen, die Millionen Gewinne erzielen und ein Produkt verkaufen, das Ideologie heißt, wollen die Jagd abschaffen, obwohl sie keine tragfähige Alternative bieten können. Sollten sie trotzdem Erfolg haben, zöge dies ein Verbot der herkömmlichen Jagd, auch in Deutschland, nach sich.
Die legale Erlegung eines starken Hirsches oder kapitalen Steinbocks, der überwachte Handel von Elefantenstoßzähnen oder Raubkatzenfellen haben allerdings noch keinen Wildbestand ernsthaft gefährdet.

Die wahre Bedrohung kommt vielmehr von skrupellosen Geschäftemachern und Souvenirsammlern, die allesamt mit legaler Jagd nichts gemein haben.
Es gäbe in den klassischen Flugwildparadiesen wie Ungarn, England etc. kaum noch Fasanen, wenn der Staat nicht kräftig an deren Abschüssen verdiente. Je höher die Abschussprämie ist, desto wertvoller werden Wildtiere, desto mehr wird man in der Regel um sie besorgt sein.
In Kenia ist die Jagd seit 1977 verboten. Seitdem sind die Wildbestände um bis zu 90 Prozent zurückgegangen Über 100 Wildarten steuern auf die Ausrottung zu. Das sollte zu denken geben.

Hakuna tabu - kein Problem

Die sommerliche Blumenpracht war inzwischen vergangen, nur vereinzelt leuchtete hier und da noch eine gelbe, lila oder blaue Blüte hervor. Ich begleitete eine Gruppe fotobegeisterter Naturfreunde durch die Nationalparks in Südafrika. Anschließend fuhr ich nach KwaZulu-Natal auf die Farm meines Freundes Carlo Engelbrecht. Ein Gast hatte sich für eine Leopardenjagd angesagt, war in Johannesburg gelandet und wurde nach sechs Stunden Autofahrt auf der Farm erwartet. Anschließend, so war es geplant, wollten wir in ein rund 400 Kilometer entferntes Jagdgebiet weiterfahren. Doch vorher musste noch ein Köder für die Leopardenjagd her.
»Hakuna tabu, kein Problem«, meint Carlo, »in einer Stunde sind wir zurück!« Und schon rollt der klapprige Geländewagen vom Hof der Farm.
Kilometerweit fahren wir durch wogende Grasflächen, ab und zu erscheinen die Rückenlinie oder der Kopf eines Hartebeests, Springbocks oder Gnus, und ich meditiere, dass es vor dem Sündenfall im Paradies, im Garten Eden, ähnlich gewesen sein musste: harmonisch, friedlich, beschaulich.
In der Ferne entpuppen sich ein paar Punkte über dem Grün als Lauscherpaare. Ich mache Impalas durch das achtfache Fernglas aus. Als eine Antilope nach der anderen wieder im Bewuchs untergetaucht ist, prüfe ich den Wind, und schon rumpelt das Auto im großen Bogen um das Rudel herum bis zum Rand einer Eukalyptuspflanzung, wo wir aus dem Wagen springen und eilends dorthin pirschen, wo wir die Impalas vermuten. Gebückt schleichen wir 30, 40 Meter über eine steinige Fläche, können dann aufrecht durch hüfthohes Gras schreiten.
Sacht streifen die harten Halme an meinen Hosenbeinen entlang. Ein Dornenbusch (»Wag'n bietjie« nennen ihn die Einheimischen, was sich

mit »Warte ein bisschen« übersetzen lässt) krallt sich in meine Hose. Ich habe Mühe, mich zu befreien. Das geht nicht geräuschlos vonstatten, doch das Wild vernimmt uns nicht, und der Wind weht uns ins Gesicht, sodass es uns auch nicht wittert.
Hin und wieder fliegt ein Vogel auf, schwirrt in wellenförmigem Flug davon und verschwindet wieder im Gras.
Abrupt bleibt Carlo, sein Glas vor den Augen, stehen, und auch ich erspähe nun etwa 50 Gänge entfernt schattenartige, dunkle Bewegungen. Vertraut ziehen die Impalas vor uns fort, streben ausgerechnet in die Richtung, in der das Gras besonders hoch steht. Keine Chance für uns, zu Schuss zu kommen. Trotzdem folgen wir dem Wild, denn der Wind weht konstant vom Rudel zu uns her. Ab und an erkenne ich einen Kopf, einen Hals, auch steht mitunter ein Stück frei, aber nicht lange genug, um es anzusprechen.
Zehn Minuten, 600 spannende Sekunden, verfolgen wir das Rudel. Wird das Gras niedriger, platziert Carlo das Dreibein vor mir, aber wir können nicht einmal erkennen, welches der Stücke führt und welches nicht.
Unsere Sinne sind so auf die Gazellen konzentriert, dass wir eine Herde Blessböcke erst bemerken, als sie Wind von uns bekommt, davonrauscht und die Impalas mitnimmt. Die Blessböcke verhoffen auf gute Büchsenschussentfernung, die Impalas verschwinden auf Nimmerwiedersehen. Aus der Traum vom Leopardenköder!
Seit dem Zeitpunkt, an dem wir die Schwarzfersenantilopen das erste Mal sahen, dann den langen Umweg fahren mussten, um hinter ihnen herzupirschen, und schließlich noch die Wegstrecke zurück zum Auto zurückzulegen hatten, sind mittlerweile über zwei Stunden vergangen.
Es wird immer heißer, das Wild wird sich bald niedertun, bevor die Mittagssonne unbarmherzig auf das Land herunterbrennt, deswegen gibt Carlo nun Vollgas. Das Auto springt mehr, als dass es rollt, über rote Kiesflächen, bizarre Felsgebilde und klobiges Gestein. Die Stoßdämpfer stöhnen laut auf. Hinter uns wirbelt eine dunkelrote, dichte Staubwolke hoch.
Der Bewuchs wird immer spärlicher. Schließlich halten wir erneut und pirschen durch eine staubige rote Sandwüste zwischen roten Felsblöcken hindurch stetig bergauf.
Der Boden ist hart und uneben, kein weicher Graswurzelteppich ist mehr zu unseren Füßen, auf dem wir uns vorher noch bewegten. Immer wieder narren mich rote Termitenhügel, täuschen Wildkörper vor.

Drei Bienenfresser sitzen, wie Orgelpfeifen aufgereiht, auf dem Ast eines abgestorbenen Baumes. Kaum ein Vogel in Europa wirkt so bunt wie sie. Ihr prächtiges, in allen Farben schillerndes Federkleid vermittelt exotische Impressionen. Kreischend warnen Frankoline. In der Nähe verbirgt sich wahrscheinlich Raubwild.
Plötzlich zeigt Carlo mit ausgestrecktem Arm nach links. »Impalas!«, flüstert er, und auch mein Fernglas wird fündig: Geißen und Kitze. Große, dunkle Lichter, sie vermitteln dem Wild etwas Sanftes, Liebevolles, sind starr auf uns gerichtet. Die eisenhaltige rostrote Erde im Hintergrund bewirkt eine erstaunlich gute Tarnung für das gesamte Rudel. Es steht so nahe, dass ich die roten Schnäbel der Madenhacker, die am Hals eines der Tiere »hängen« und sich auf dem Rücken eines anderen festkrallen, deutlich erkenne.
Ein Tier hat Wind von uns bekommen. Die Köpfe weiterer Stücke recken sich in die Höhe, sie wirken anmutig, grazil, wie Rehe. Unruhig spielen die Lauscher, Wedel schwingen nervös in unglaublicher Geschwindigkeit hin und her, von rechts nach links, von links nach rechts, wie Scheibenwischer während einer Autofahrt bei starkem Gewitter. Ich vernehme leises Schnauben und Grunzen. Trotzdem ist es ein Bild absoluter, faszinierender Harmonie und Ästhetik.
Die Brunft ist vorüber. Alte Böcke wandern separat von den weiblichen Stücken durch das Veld, aber etwas abseits stehen einige

Zimbabwe – ich hatte Jagdglück auf einen abnormen Impala.

junge Böcke. Bewegen sie sich, lässt die Sonne regelmäßige schwarze Hörner, wie Lyren geformt, aufblitzen. Die Jünglinge lassen sich durch unsere Anwesenheit nicht merklich stören, als ahnten sie, dass sie tabu sind, auch wenn wir eigentlich dringend Fleisch benötigen.
Da - kurzes, abgehacktes, schnaufendes Bellen, unruhig, immer schneller hin- und herschwingende Wedel, dann stürmt das Rudel davon.
Enttäuscht machen wir Rast unter einer Fieberakazie. In KwaZulu-Natal stehen viele dieser hübschen »Fieberbäume«. Den Namen erhielten sie wegen ihrer oft mit gelbem Staub bedeckten Rinde. Man sagt ihnen fälschlicherweise nach, sie würden Gelbfieber verbreiten, zumal sie feuchte Standorte bevorzugen.
Ernüchtert schlendern wir zurück zum Auto. Kein Mast, keine Stromleitung, keine Straße, nicht einmal das Dach eines Hauses unterbricht die scheinbar unendliche Weite, nur ab und zu steht in der Ferne eine Buschgruppe oder ein Baum, und wo Himmel und Erde sich treffen, zerfließen die blauen Berge im Dunst.
Im Osten schillert, wie glänzend poliertes Messing, ein Wasserloch. In entgegengesetzter Richtung ziehen Springböcke. Mal erkennt man drei oder vier, die hintereinander hertrotten, mal sind es 30 oder 40, dann erscheint die Ebene plötzlich wieder wildleer.
Als die Sonne für wenige Momente durch die grauen Wolken bricht, fliehen diffuse Schatten über die Ebene auf uns zu, lassen helle und dunkle Gebilde wie flüchtige Schleier, die über das Land wehen, erscheinen, das Grün in drohendem, sich ständig bewegendem Licht aufflammen, bis die verschiedenen Farbtöne wieder beruhigend auf die Augen einwirken.
Ein falkenartiger Vogel schießt über uns dahin. Perlhühner trippeln am Rand des Weges umher. Als sich unser Auto ihnen nähert, verschwinden sie im Busch, der die Sandpiste säumt. Ich versuche, sie im grünen Gewirr aus Blättern und Blüten, Reisern und Rispen, Stämmen und Stängeln, Ästen und Zweigen zu verfolgen, da schleicht sich auf einmal ein Buschbock davon. Kurz leuchtet es wildrot hinter der grünen Wand auf, dann ist der Spuk im dichten grünen Schleier aus Dornen und Dolden, Ranken und Gräsern verschwunden.
Vor uns ziehen Blessböcke durch das hohe Gras, wieder ein häufiger Anblick in dieser Gegend. Auch dem Wunsch nach Trophäen ist es zu verdanken, dass es sie noch gibt. Blessböcke waren fast ausgestorben. Ihr Überleben konnte, quasi im letzten Augenblick, durch umfangreiche Schutzprogramme und großen finanziellen Aufwand gesichert werden. An der Rettungsaktion waren vor allem Jäger beteiligt, wobei

deren Bemühungen gewiss nicht selbstlos waren, weil sie dem Tier-, Natur- und Artenschutz galten, sondern weil man die fast verlorene Wildart wieder bejagen wollte. Schließlich bringt jede gute, durch ausländische Klientel erbeutete Trophäe Berufsjägern, Landbesitzern und Safariunternehmen harte Devisen ein. Auch ich habe davon profitiert, musste aber lernen, dass die kommerzielle Jagd und die Erbeutung außergewöhnlicher Trophäen auch zur negativen Auslese im Hinblick auf das Erbgut führen.

Durch die Ferngläser betrachten wir die friedlich äsende Herde. Da bemerken wir, dass die Idylle trügt: In einiger Entfernung des Rudels folgt schwerfällig ein alter Bock. Er schont den rechten Vorderlauf und hat sichtlich Schwierigkeiten, den Anschluss zu halten.

Ohne ein Wort steuert Carlo das Auto rund 200 Meter weiter, bis wir ein Gebüsch zwischen uns und dem fortziehenden Rudel als Deckung nutzen können und ihm nachpirschen. Doch statt dem Bock näher zu kommen, wird der Abstand zu ihm immer größer. Der Freund stellt das Dreibein vor mich und drängt zu schießen. 250 Meter sind aber für einen sicheren Schuss sehr weit. Ich bin Jäger und kein Kunstschütze!

Ein buschähnlicher Baum, etwa 100 Meter vor uns, kommt mir sehr willkommen. Gebückt eilen wir nach rechts, bis er sich zwischen uns und dem Wild befindet, wir Deckung haben und uns im flotten Laufschritt dem Rudel nähern können. Es hat uns nicht wahrgenommen, zieht aber so zügig, dass sich der Abstand kaum verringert.

Der Kranke bleibt zurück. Erneuter Blick durchs Zielfernrohr: immer noch zu weit.

Geduckt geht es nach links, wo ein anderer Busch notdürftig Deckung gibt. Als wir ihn erreichen, vorsichtig durch die Zweige lugen, verhofft der Bock auf 200 Gänge. Wieder fordert mich Carlo auf zu schießen, aber einen Schuss, bei dem Glück im Spiel ist, um zu treffen, möchte ich nicht riskieren. Will ich näher heran, muss ich es auf allen vieren versuchen.

Während mein Freund verärgert zum Auto zurückgeht, robbe ich auf dem rötlichen Boden, wo altes, hartes Gras verdorrt und neues, zartes sich aus dem Staub hervorwagt, schlangengleich los. Nackte Haut auf nackter Erde. Steine und vertrocknete Erdklumpen drücken schmerzhaft in Knie und Handknöchel.

Auf meinem linken Unterarm will sich ein roter Käfer mit schwarzen Punkten, ähnlich einem Marienkäfer, nur viel, viel größer, in Sicherheit bringen, fällt zurück ins Gras, versucht einen Halm zu erklimmen und plumpst wieder zu Boden. Ich halte mich diesmal nicht mit dem Bestaunen des farbenfroh leuchtenden Juwels auf, der Beutetrieb in mir ist erwacht.

Als ich nach mehreren Minuten vorsichtig den Kopf hebe, steht der Blessbock nach wie vor an derselben Stelle. Weiter geht es. Schweiß rinnt ob der ungeübten Anstrengung in meine Augen und brennt, die Ellenbogen tun weh, aber ich komme ihm immer näher.

In einer Senke kann ich knapp 20 Meter auf Knien und Händen kriechen, ohne vom Bock bemerkt zu werden. Aber die »Erholungspause« ist nur kurz, schon muss ich wieder den Staub küssen.

Die Stille rauscht in meinen Ohren. So dicht mit dem Kopf am Erdboden meine ich das Flüstern des kurzen Grases, das unter meinem Körper niedergedrückt wird, zu vernehmen, das Sirren der winzigen Insekten zu hören und die trockene Erde zu riechen.

Weitere gefühlte 20 Meter lege ich kriechend zurück, ohne dass der Bock mich bemerkt. Aber es reicht nicht, ich will noch näher heran, lasse das störende Fernglas zurück und mache eine Pause, als sich ein Wadenkrampf ankündigt.

Wieder hebe ich behutsam den Kopf, um den Kranken probeweise anzuvisieren, er ist noch knapp 120 Gänge entfernt. Vorsichtig schmiegt sich die Schaftkappe des Gewehrkolbens an meine Schulter. Meine Augen und die Laufmündung sind, als seien sie durch eine unsichtbare Linie mit der erhofften Beute verbunden, starr auf den Bock gerichtet. Ruhig, ohne Hast, sucht der gekrümmte Finger den Druckpunkt am Abzug - und der Leopardenköder für den nächsten Jagdgast ist gesichert.

Mein erster und mein letzter Leopard

»Bis Carlo mit dem Wagen zu mir kommt, wird einige Zeit vergehen«, dachte ich bei mir, und so hatte ich ausreichend Zeit und Muße, mich an meinen ersten und einzigen Leopardenansitz mit meinem Freund Joschka Magyar, der später bei der Nachsuche auf einen Löwen ums Leben kam, zu erinnern. Fast auf den Tag genau fünf Jahre zuvor war er, ebenfalls auf einer Nachsuche, von einem angeschossenen Leoparden angenommen worden. Der Kuder biss ihm eine gehörige Portion Muskelfleisch aus dem Genick, bevor Joschka ihn erlegen konnte.

»Heute diesen Köder zu bekommen war fordernder als der Nachmittag im Tarnschirm während meiner letzten Leopardenjagd im afrikanischen Buschmannland«, grübelte ich also, als wir mit dem Blessbock zurück zur Farm fuhren, und meine Gedanken gingen viele Jahre zurück.

Schemen im abendlichen Gegenlicht.

Der Leopard gilt unter den Großkatzen als Meister der Tarnung.

Vom frühen Nachmittag bis zum Eintreffen der Dämmerung harren wir in einem Schirm aus. Kein Lüftchen regt sich. Die Sonne brennt erbarmungslos auf das verdorrte Land nieder, und die Nachmittagshitze ist nahezu unerträglich. Wir liegen im Schatten auf der harten Erde und haben dennoch Wollpullover an, denn nachts wird es hier für gewöhnlich eisig kalt. Noch bevor uns der Geländewagen, der uns bis zu unserem Versteck gebracht hat, zusammen mit den Buschmännern wieder verlässt, ziehen wir sie an, denn ein späterer Kleiderwechsel zur Stunde, in der die Kühle der Nacht hereinbricht, würde unser Vorhaben scheitern lassen. Jede unnötige Bewegung, jedes noch so leise Geräusch muss vermieden werden, also heißt es: schweißgebadet durchhalten.

Alles haben wir bis ins kleinste Detail geplant: vor drei Tagen bereits ein Gnu geschossen, mit dessen Pansen hinter dem Auto eine »wohlduftende« Schleppe gezogen, in zwei etwa 20 Kilometer voneinander entfernte Bäume in drei Meter Höhe je eine Keule als Köder gehängt und mit einem Drahtseil festgezurrt, damit der Leopard daran gehindert wird, sie fortzuschleppen.

Leopardenkuder sind anpassungsfähige, heimliche, standorttreue Einzelgänger. Sie benötigen ein bis zu 10.000 Hektar großes Territorium, das sich mit dem von zwei bis drei weiblichen Leoparden überdeckt. Wir rechnen uns gute Chancen aus, einen »Chui«, wie diese Raubkatze in Suaheli genannt wird, zu bekommen.

Unsere afrikanischen Jagdhelfer hatten für uns aus Gras einen stabilen Schirm, den »Blind«, gebaut, der uns nun Deckung bietet, und zwei Tage später ist einer der Köder, das »Bait«, angenommen. Unverkennbare Kratzspuren in der Rinde der schräg gewachsenen Akazie und Abdrücke im losen Sand zeigen, dass ein starker Kuder durch den

Aasgeruch angelockt wurde. Er hat bereits große Brocken aus dem Fleisch gerissen. Auch Hyänen spüren sich unter dem Baum. Für sie hängen die »süßen Kirschen« allerdings zu hoch.
Am Morgen bevor wir den Köder kontrollieren, ungefähr zwei Stunden Fußmarsch entfernt, folgen wir der Fährte eines Roanbullen und stoßen dabei auf eine breite Schleifspur. Die Buschmänner erkennen sofort, dass sie von einem Leoparden stammt, der allem Anschein nach seinen frischen Riss zu einem Baum zerren wollte, um die Beute vor den Hyänen in Sicherheit zu bringen. Wir folgen der gut sichtbaren Spur, gespannt jeden höheren Strauch besonders beobachtend, jeden Moment darauf gefasst, Beute und Beutegreifer in einer Astgabel zu entdecken. Nach etwa zwei Kilometern und einer Stunde Fußmarsch stoßen wir auf die Reste eines Oryxkalbes. Der Leopard hat es augenscheinlich nicht geschafft, sein Opfer in Sicherheit zu bringen, die Hyänen sind ihm gefolgt, waren schneller, stärker - und in der Überzahl. Das ist das Gesetz der Natur.
Diese Strecke mit wachen und angespannten Sinnen zurückzulegen ist anregend und aufregend zugleich. Kaum zu vergleichen mit dem passiven Warten im Schirm. Eine Jagdart, der ich auch daheim nicht viel abgewinnen kann: in sicherer Deckung, vielleicht auf einem Hochsitz, womöglich an einem Wildacker oder gar einer Kirrung auf Wild zu harren.
Doch die Stimmung im afrikanischen Busch, wenn sich der Tag und mit ihm eine Vielzahl unterschiedlicher Stimmen verabschiedet und nach kurzer Dämmerung die Nacht hereinbricht, fasziniert mich jedes Mal wieder aufs Neue. Und so liegen wir nun in unserem Blind und warten. Noch singen die Glanzstare in einer Schirmakazie. Wunderschön blau schillert ihr Gefieder in der Sonne, wenn sie sich bewegen. Dahinter in einem Baobab, der voller Nester hängt, zwitschern fröhlich deren Baumeister, die Büffelwebervögel. Es sind außer dem Baum, an dem der Fleischbatzen befestigt ist, die einzigen Bäume, die ich durch meine kleine Sichtluke erblicken kann.
Fliegen, Käfer, Mücken und Motten brummen, surren, flattern und schwirren um uns herum, verschonen mich aber mit Stichen und Bissen.
Ich habe mich bequem und entspannt auf den Rücken gelegt und lausche dem Rufen und Gurren der Tauben, der typischen Musik aus dem afrikanischen Veld. Leoparden sind mitunter tagaktiv, aber es scheint noch zu früh, zu hell und zu laut für die gefleckte Katze. Wenn sie denn überhaupt kommt, vergehen bis dahin gewiss noch drei, vier Stunden. Trotzdem richte ich mich, von Unruhe und Erwartung getrieben, im-

mer wieder behutsam auf und starre hoffnungsvoll durch das kleine Loch, das unsere Jagdhelfer in die Wand des Schirms eingelassen haben, zum etwa 60 Meter entfernten Baum, in dem die Keule des Gnus hängt, sich als dunkler, violetter Klumpen klar gegen den hellen Himmel abhebt, und stelle mit Genugtuung fest: Der Wind steht für unser Vorhaben immer noch günstig.

Die Öffnung ist mit Blick nach Westen gegen den sich neigenden feuerroten Sonnenball gerichtet, um vor diesem Hintergrund die Silhouette des Chui auch bei einbrechender Dämmerung ausmachen zu können.

Bestialischer Aasgeruch weht in unregelmäßigen Abständen zu uns herüber, und das ist gut so. Je mehr der Köder stinkt, desto sicherer kommt ein Leopard zum Bait zurück.

Obwohl ich mich so weit verrenke und strecke, wie es meine Gliedmaßen und meine Sitzposition im Schirm erlauben, erkenne ich durch den kleinen Sehschlitz nur den Baum mit der Keule und einen begrenzten Bereich des mit dichtem gelbem, etwa 20 Zentimeter hohem Gras bewachsenen Erdbodens darunter. Was meinen Augen verborgen bleibt, versuche ich mit den Ohren zu orten.

Auch wenn das Blickfeld eingeengt ist, bedeutet der Ansitz nicht einfach stupides Starren auf den Köder. Meine Sinne werden immer wieder abgelenkt, neu gefordert, und die unterschiedlichen Gerüche, angenehme und weniger angenehme, intensive und zarte, regen die Nase, die vielen Geräusche die Ohren an. Für das Auge ist es nicht so spannend, erwartungsvoll durch den Schlitz zu starren, aber es ist ein Fest für die anderen Sinne. Das Gezwitscher der Vögel klingt vielstimmiger und lebhafter als in einer gut bestückten Zoohandlung. Dazu ein Keckern, Zischen, Gurren, Schluchzen und Pfeifen, als strotze jeder Busch vor Leben. In der Ferne krakeelen Graue Lärmvögel und geben keine Ruhe. Obwohl auch im südlichen Afrika die Stunde aus 60 Minuten, die Minute aus 60 Sekunden besteht, habe ich das Gefühl, die Zeit verrinnt in dem von Menschen unberührten Busch schneller als anderswo.

Noch hat die sinkende Sonne den Horizont nicht erreicht, da warnen hinter dem Köderbaum erschreckt Perlhühner, reißen uns aus unserer angespannten Lethargie, doch schon bald verstummen sie wieder.

Das Gurren der Tauben ist längst vom Schnurren der Nachtschwalben abgelöst worden. Ein Schmetterling schwebt heran. Wie er seinen Weg durch die dichten Graswände unseres Schirms gefunden hat, bleibt unerfindlich. Mit ausgebreiteten Flügeln lässt sich der Falter neben

mir nieder. Die einzigen Farben, die ich an ihm entdecke, sind Schwarz und Weiß. Durch diese Schlichtheit jedoch wirkt er besonders hübsch.
Und immer noch herrscht um uns herum ein Singen, Zwitschern und Flöten, das mit schwindendem Licht zunehmend leiser wird, bis mit lautstarkem Zirpen das vielhundertstimmige Konzert der Zikaden beginnt. Die Schatten werden länger, leichter Wind kommt auf, andere gewohnte und fremde Geräusche dringen an meine Ohren, das vielfältige Leben im Busch kommt nicht zur Ruhe.
Ein Stern schimmert bereits einsam am Himmel, obwohl noch Büchsenlicht herrscht. Mit der hereinbrechenden Dämmerung wird es deutlich kühler, und immer noch zischt und zwitschert, keift und krächzt, singt und seufzt es um uns herum, als wolle jeder einzelne der kleinen Vögel oder Insekten den anderen an Lautstärke übertreffen.
Ein Leopard benötigt Deckung zum Kommen und zum Gehen. Im weiten Umkreis rund um den Baum steht aber nur knöchelhohes, verdorrtes Gras, in dem sich nicht einmal ein Hase verbergen könnte, deshalb melden sich erste Zweifel an. Ich befürchte auf einmal, nicht zu Schuss zu kommen. Aber was wäre Jagd ohne gespanntes Hoffen, erwartungsvolles Träumen und zuversichtliche Vorfreude?
Als es fast dunkel ist, erscheint unterhalb des Köders ein Schatten. Obwohl ich immer wieder dorthin gestarrt habe, habe ich sein Kommen nicht bemerkt. Vielleicht bin ich auch nicht konzentriert genug, meiner Sache zu sicher, oder es ist Überheblichkeit im Spiel gewesen zu glauben, an diesem Abend auf jeden Fall Sieger und nicht Opfer zu sein. Mit einem Mal ist er jedenfalls da, wie aus dem Nichts, wie ein Spuk, ein heimlicher Geist, ein unsichtbares Phantom - der Leopard.
Die sich geringfügig bewegende Schwanzspitze beweist seine Aufmerksamkeit, zeigt, dass Leben in diesem Chui ist. Wäre da nicht dieses zuckende weiße Schwanzende, könnte man ihn für eine gelungene Dermoplastik halten.
Wohl kaum eine andere Wildart in Afrika wird von ausländischen Gästen so oft gefehlt wie der Leopard, erzählt mir Joschka, der schon an die neun Dutzend der gefleckten Katzen gemeinsam mit seinen Jagdgästen erlegt hat. Der Adrenalinspiegel der Schützen steigt in erster Linie durch den Mythos, der die Raubkatze umgibt, denn aus einem Schirm heraus zu schießen ist kaum riskant. Trotzdem beschleunigt sich mein Puls, mein Herz pocht schneller beim Anblick des geschmeidigen Kuders. Unruhig zuckt seine Rute, und wie ein Schemen springt er plötzlich mit einem Riesensatz aus sitzender Position heraus elegant in die große Astgabel, in der der Köder befestigt ist.

Der Leopard ist eine elegante, äußerst geschmeidige Großkatze.

Deutlich hebt sich die Silhouette gegen den in allen Farben leuchtenden Abendhimmel ab. Der Schaft der schweren Büchse gleitet behutsam vor meine Schulter, während die große Katze regungslos sichert. Durch das Zielfernrohr bewundere ich ihre grazilen Bewegungen. Der Anblick vermittelt Eleganz und Schönheit, Selbstbewusstsein und Wildheit.

Ich warte mit angehaltenem Atem, hoffe, dass wieder Bewegung in den Wildkörper kommt, dass er breit sitzend ein sicheres Ziel bietet und mit seinem Mahl beginnt. Die Spannung lässt mich alles um mich herum vergessen. Die klingenden Laute nehme ich ebenso wie die intensiven, teils milden, teils strengen Düfte und die faszinierenden, wechselnden Himmelsfärbungen nicht mehr wahr. Gebannt, ohne jegliches Zeitgefühl starre ich durch das Zielfernrohr und bin dann durch das Mündungsfeuer der schweren Großwildbüchse für Augenblicke geblendet.

Als der Schuss gefallen, der grässlich laute Knall verhallt ist, als der Leopard nach dem kunstlosen Schuss aufbrüllend in die Höhe springt, herumwirbelt, dann ein dunkler, lebloser Körper wie ein Stein vom Baum stürzt und am Boden kurzes Röcheln zu hören ist, fühle ich mich wehrlos gegen ein gemischtes Gefühl von Enttäuschung, Genugtuung und Stolz, aber vor allem Trauer, und ich weiß, dass ich nie mehr einen Leoparden am »Kill« schießen werde.

Die Jagd nach dem Bait hat mir mehr gegeben als die Stunden im Schirm. Der Jäger muss sich beweisen, nicht der Schütze.

JAGEN, UM ZU ÜBERLEBEN

Nach meiner letzten Station im Ausland zog ich mit meiner Familie nach Lüneburg. Meinen Lebensunterhalt finanzierte ich als Jagdführer, Jagdbegleiter und Organisator für Jagdreisen und Fotosafaris auf allen Kontinenten der Erde.

Wieder zurück im Land der Germanen

Als wir unsere Zelte im Ausland endgültig abgebrochen hatten, meine letzte Station war Südamerika, zog ich mit meiner Familie nach Lüneburg. Ich hatte das Glück, eine Anstellung bei der Zeitschrift »Wild und Hund« als Schriftleiter zu bekommen, also Jagd vom Schreibtisch aus. Die Arbeit machte mir Freude, und ich hatte ein regelmäßiges Einkommen, sehr zur Erleichterung meiner Familie.

Die Rückkehr nach Deutschland fiel mir nach jahrelanger Auslandstätigkeit aber nicht leicht. Das erste Jahr in der Heimat war ziemlich trostlos, doch ich versuchte mir täglich einzureden, dass auch hier die Welt noch ein Paradies sei, man müsse nur den Blick dafür haben. Und ich bemühe mich auch heute noch, es meinen Enkeln zu vermitteln.

Ich wurde oft eingeladen, Treibjagden auf Hasen, Hühnersuchen, Drückjagden auf Schalenwild, realisierte aber bald, dass es vielen Beteiligten in erster Linie darum ging, gesellschaftliche Kontakte zu pflegen oder möglichst viel zu schießen. Im menschenleeren, endlosen Busch setzten mir das Wetter, das Licht und die eigenen Fähigkeiten die einzigen Grenzen, und ich war zum jagdlichen Einzelgänger geworden. Nun musste ich das Waidwerk mit anderen Menschen teilen, die nicht immer meiner Ansicht waren, war Gast in fremden Revieren, in denen viele Grenzen respektiert werden mussten. Ich glaube, mein Bruder war der Einzige, der mich damals verstand. Bei ihm durfte ich jagen, »so weit die braune Heide reicht«, so wie wir es in unserer Jugend getan haben. Dafür war und bin ich ihm sehr dankbar.

Es verging kaum ein Hundespaziergang in der Umgebung unseres Hauses in Lüneburg, bei dem ich nicht Rehe, Hasen, Füchse, mitunter Dachse oder auch Schwarzwild beobachtete. Der nahe Waldfriedhof wimmelte von Kaninchen - und ich nutzte ihn unbeschwert, um dort mit meinen Hunden zu arbeiten. Doch immer mehr Felder und Wiesen werden zu Bauland, die letzten stadtnahen Refugien für Wildtiere verschwinden nach und nach. So habe ich seit einigen Jahren kein Kaninchen mehr in

Deutschland geschossen. Die Pflanzen- und Tierwelt wurde schon in den Jahren meiner Abwesenheit in Deutschland zunehmend ärmer, hat sich verändert. Viele Arten sind verschwunden, nur wenige hinzugekommen. Seit meiner Jugend im Paradies hat der Artenschwund gewaltige Ausmaße angenommen. Die Verarmung von Flora und Fauna schreitet ungebremst fort. Das betrifft auch ganz besonders die heimische Vogelwelt, zahlreiche Vogelarten sind aus dem elterlichen Revier verschwunden: Heide-, Hauben- und Feldlerche, Brachpieper, Ziegenmelker, Gelbspötter, Schwanz-, Sumpf- und Beutelmeise, Brachvogel, Bekassine und Birkwild, Wendehals, Wiedehopf und Wasseramsel, Pirol, Wachtel und Wachtelkönig, Blau- und Braunkehlchen.
Das Rotwild, meine Lieblingswildart in Deutschland, ist zwei Extremen ausgesetzt. Es werden rotwildfreie Gebiete geschaffen, in denen es zum Schädling degradiert und gnadenlos abgeknallt wird, parallel droht seine Hege in anderen Regionen zur Zucht auszuarten.
Auch die naive Unkenntnis der Stadtbevölkerung über Zusammenhänge in und die Entfremdung von der Natur erstaunte mich, als ich meinem Leben im Ausland endgültig den Rücken gekehrt und nach Deutschland zurückgekommen war.

Deutschland, wie haste dir verändert!

Ich liebe Pilze. Die Ausdrucksweise »Pilze suchen« traf auf meine Brüder und mich nicht zu. Wir brauchten nie zu suchen, wir wussten, wann wo welche Pilze wuchsen, und sammelten mit Begeisterung große Mengen, wo andere mit leeren Körben aus dem Wald zurückkehrten. Als ich nach Deutschland zurückkam, behielt ich diese Passion und auch das Sammeln von Kräutern bei. Dabei beschränkte ich mich nicht auf die üblichen Wildpflanzen für den täglichen Verzehr wie Vogelmiere, Spitzwegerich, Löwenzahn, Gundermann, Gänseblümchen, Sauerampfer, sondern wusste auch um die Heilwirkung diverser Kräuter, Huflattich-, Kamillen- oder Calendulablätter, die entzündete Hautstellen und Blutergüsse heilen, Pfefferminz-, Kamillen-, Schafgarbenextrakte, die nach durchzechter Nacht Kopfschmerzen und Katerstimmung vertreiben.
»Ich wusste gar nicht, dass Sie Kaninchen züchten« oder auch »Das kann man doch nicht essen, das ist doch schmutzig!«, bekam ich regelmäßig von Spaziergängern zu hören, die teure Salate generell beim Gemüsehändler kaufen, obwohl die schönsten Kräuter direkt vor ihrer Haustür wachsen.
Als ich einmal mit einem Korb Steinpilze aus dem Wald schlich, begegneten mir Vater und Sohn. »Darf ich fragen, was in dem Korb ist?«, kam der

Mann interessiert auf mich zu. »Steinpilze«, antwortete ich wahrheitsgetreu. Darauf rief er seinen Sohn herbei: »Martin, schau mal, das sind Pilze!« Als ich ihm erzählte, dass ich diese Köstlichkeiten gleich zubereiten und verzehren werde, schüttelte er ungläubig den Kopf.

An einem anderen Tag behauptete eine Frau nach einem Blick in meinen mit Pfifferlingen gefüllten Korb selbstsicher: »Die sind giftig!« - »Nicht schlimm, sind für meine Schwiegermutter«, antwortete ich, ohne dass sie meine Ironie bemerkte. Im Brustton der Überzeugung kam ihre Antwort: »Ach so, das kann ich ja nicht wissen ...«

Nachdem ich im »Busch« fast nur mit bettelarmen, aber immer zufriedenen, fröhlichen Menschen zusammengelebt hatte, empfand ich die ständige Unzufriedenheit und das ausgeprägte Anspruchsdenken meiner deutschen Mitbürger gewöhnungsbedürftig.

Traumhaftes Winterwetter lockte mich, als es hell wurde, zu einem ausgedehnten Spaziergang mit meinem Hund. »Was für ein wunderschöner Morgen, die Luft ist so klar!«, begrüßte ich eine Dame, die mir entgegenkam, enthusiastisch. »Was heißt wunderschön, ich habe schon eine Viertelstunde Schnee schippen müssen«, entgegnete sie mürrisch.

Da nahte eine weitere Dame mit ihrem Vierbeiner. Ich machte einen neuen Versuch: »Es sieht jetzt alles so friedlich und sauber aus«, begann ich, wurde aber sofort unterbrochen: »Hören Sie auf, morgen soll es ja wieder tauen, dann kann man hier nicht mehr laufen!« Als mir wieder

Die Zeiten großer Hasenstrecken sind längst Geschichte.

Die Vielfalt der Pilze begeistert mich seit meiner Jugend.

jemand entgegenkam, schlug ich mit meinem Hund kurzerhand eine andere Richtung ein.

Fast täglich begegnete ich einer Frau mit ihrem Collie. Der junge Hund wollte immer mit meiner Hündin spielen, bemühte sich rührend um ihre Gunst, meine alte Dame hatte aber selten Lust zum Toben, was immer wieder Anlass zu Gesprächen gab. So auch an einem herrlichen Freitagmorgen, als der Halbstarke uns entgegenstürmte und Diva animierte, mit ihm über das Feld zu rasen. »Ist es nicht ein bezaubernder Morgen?«, begann ich die Unterhaltung mit der Besitzerin. »Diese Farben am Himmel kann doch selbst ein Maler nicht so wiedergeben, nicht wahr?!«, begeisterte ich mich. Die Frau schaute mich erschrocken an, folgte zunächst recht teilnahmslos meinen Blicken nach Osten, wo gerade die Sonne wie ein roter Feuerball hinter der Waldkulisse aufstieg, und stutzte. Der Hund war in dem Moment völlig vergessen. »Die Sonne! So schön habe ich sie noch nie gesehen!«, rief sie voller Begeisterung.

Für den Rest des Spaziergangs hatte ich wieder Stoff zum Nachdenken. Dass ein so atemberaubendes Naturschauspiel von meinen Zeitgenossen hier in Deutschland nicht spontan wahrgenommen wird, versetzte mich in Erstaunen.

Ebenso befremdlich erschien mir die Reaktion zweier junger Jäger auf einer Niederwildjagd in Nordfriesland. Ich äußerte meinen Unmut über die vielen neuen Windräder, die die ehemals schöne Landschaft so verschandeln. »Wieso stört Sie das? Die waren doch schon immer hier«, erwiderten sie mir. Erstaunlich, wie schnell sich die Menschheit an die Zerstörung der Natur gewöhnt und ohne großes Nachdenken als gegeben hinnimmt.

Oculi, da kamen sie

»Reminiscere, putz die Gewehre;
Oculi, da kommen sie;
Laetare, das ist das Wahre;
Judica, sie sind noch da;
Palmarum, trallarum,
Quasimodogeniti –
Halt Jäger halt, jetzt brüten sie!«
(Alter Merkvers zum Schnepfenstrich)

Auch in der Jägerschaft hatte sich so manches verändert. Nach letzten Forschungen überfliegen Europa jährlich mehr als 15 Millionen Wald-

schnepfen. Die europäische Gesamtstrecke liegt bei durchschnittlich fast vier Millionen. Damit zählt die Waldschnepfe zu der am meisten erlegten Flugwildart. Bei den Franzosen führt sie die Jagdstrecke mit fast eineinhalb Millionen an, der Anteil der geschossenen Vögel in Deutschland an der europaweiten Strecke beträgt nicht einmal ein Prozent.
Wie fieberten wir früher dem Frühjahr entgegen, den ersten Bachstelzen, die auf dem Dach trippelten und die Schnepfen ankündigten, die aus ihren Überwinterungsquartieren aufgebrochen waren, um zu ihren Nistplätzen zurückzukehren. Kaum ein Abend wurde ausgelassen, um dem Vogel mit dem langen Gesicht nachzustellen, in die wieder erwachende Natur hineinzulauschen, die stimmungsvollen Frühlingsabende zu genießen, bis die Venus, der Schnepfenstern, am Himmel erschien.
1977 wurde die Jagd auf »Murkerich« während der Flugbalz in den Morgen- und Abendstunden des Frühlings verboten. Die EU-Vogelschutzrichtlinie trat in Kraft, wonach eine Bejagung der Zugvögel während des Rückflugs zu den Nistplätzen untersagt ist. Ein Aufheulen ging durch die Jägerschaft. »Schnepfenjagd ist Jagdkultur«, hieß es. Man trug einige Malerfedern am Hut, Schnepfendreck galt als erlesene Delikatesse, vergleichbar mit Kaviar oder Hummer. Die Gilde der Waidmänner fühlte sich einer uralten Jagdart beraubt, doch der Protest verebbte schnell. Ein Indiz für den Wandel des Zeitgeistes. Aus Trotz ging ich noch viele Jahre nach dem Verbot mit der Flinte auf den Schnepfenstrich, zugegebenermaßen Jagdwilderei, die inzwischen verjährt ist. Auch heute zieht es mich zu Beginn des Frühjahrs abends mit meinem Hund hinaus, um den Balzflug des Vogels mit dem langen Gesicht zu beobachten und mich am Erwachen der Natur zu freuen. Mitjäger reagieren mit erstaunten Äußerungen wie »Die darf man doch gar nicht mehr schießen!«
Ja, was man nicht mehr schießen darf, scheint in den Augen mancher jagdlichen Zeitgenossen nichts wert zu sein. Ich bin sehr bedrückt über diese Entwicklung.

Fürs Jagen gelebt - ein Leben ohne Gewähr

Ich habe in meiner Jugend so manche jagdliche Sünde begangen. Oft ging die Passion mit mir durch, und mein Finger krümmte sich gegen alle Vernunft, manchmal auch gegen jegliche Moral. Es bedurfte aber nicht eines bestimmten Alters und somit gewisser Reife, um endlich »vernünftig« zu werden. Als ich begann, meinen Lebensunterhalt mit Jagen zu finanzieren, wurde ich besonnener, und bald gab es Situationen, in denen ich nur ungern den Finger krümmte, ja sogar meine Tätigkeit als Jagdführer verwünschte.

Obwohl ich eine kaufmännische Ausbildung bei der Firma Alfred C. Toepfer absolviert und mehrere Jahre in der National Bank of New Zealand in Wellington sowie als stellvertretender Leiter einer deutschen Großbank in Venezuela gearbeitet habe, habe ich nie gelernt, mit Geld umzugehen. Nachdem ich mich mit meinem Jagdunternehmen selbstständig gemacht hatte und feststellen musste, dass es den meisten meiner Kunden weniger um wirkliches Jagen, eher um Trophäen ging, entwickelte ich eine etwas ungewöhnliche Geschäftsidee, um zusätzlich mit weniger jagdaffinen Geschäftsmodellen Geld zu verdienen.

Den ersten Anstoß gab eine Jagdreise nach Schottland. Dort traf ich auf den vorgelagerten Inseln exotisch anmutende Schafe mit vier oder gar fünf Hörnern wie etwa das Jakobschaf. Zwei Schädel dieser ungewöhnlichen Spezies konnte ich mit Gewinn an »Jäger« verkaufen. Auf das Festland durfte ich keine lebenden Schafe importieren, doch die Einfuhr von Spermien dieser seltsamen Böcke war nicht verboten, und gegen das Einpflanzen in deutsche Mutterschafe sprach ebenfalls nichts. Gesagt, getan. Auf nicht immer legalen Kanälen gelangte das Sperma von mehreren »hochkapitalen« Schafböcken mit vier Hörnern nach Deutschland, wo ein Freund und Tierarzt die künstliche Befruchtung organisierte.

Das Warten bis zum Lammen war ungemein spannend, das Ergebnis ernüchternd. Der Nachwuchs war gesund und munter, aber nur ein Lamm hatte ein drittes kleines Horn, die anderen vier waren hornlos. Hätte ich mich beizeiten mit einem Genetiker zusammengesetzt, hätte ich viel Geld gespart (oder verdient).

Ein weiteres Projekt, das mir den Weg zum Millionär ebnen sollte, nahm seinen Anfang in Irland. Ein Freund, Lord I., Herr über unglaublich großen Landbesitz in der Republik, vermarktete Dam- und Rotwild aus seinen Gehegen. Als die Auflagen für den Im- und Export von Wildfleisch durch die Brüsseler Gesetzgebung immer strenger wurden, entwickelte er den Plan, natürliches Wildfleisch auf den Kontinent zu überführen. Die Bedingungen waren günstig, er besaß nämlich einen über 5.000 Hektar großen Talkessel, der mit Mitteln der Europäischen Gemeinschaft aufgeforstet worden war. Das Tal war rundherum von mehr oder weniger steilen Hängen eingegrenzt. Hier sollten die restlichen Wildbestände aus den Gattern ausgewildert werden. Eine weitere Vermarktung des Wildes, die zusätzliche Einnahmen durch den Abschuss versprach, bot sich geradezu an. Für mich eine ungewöhnliche Chance, ein neues Geschäftsfeld zu erschließen.

Bevor die Tiere aus den großen Gehegen umgesiedelt werden konnten, musste ein Großteil von ihnen abgeschossen werden. Auch das gehörte zu meinen Aufgaben. Es ist mir unsagbar schwergefallen, auf nahe Entfernung mit der Kleinkaliberbüchse geduldig zu warten, bis die verschüchterten Tiere ruhig standen, und wenn dann abends bis zu 20 Stück Damwild mit Kopfschuss in dem primitiven Kühlraum hingen, habe ich mich als Jäger geschämt.

Dann galt es, Gattertiere in den Talkessel zu transportieren. Hier sammelte ich Erfahrungen mit der Immobilisation von Tieren. Betäubungspfeile fliegen unter Schallgeschwindigkeit. Wenn das beschossene Tier den Büchsenknall vernimmt, bewegt es sich naturgemäß, das muss kalkuliert werden, bevor das Projektil auftrifft. »Du musst den wichtigsten Schritt deiner Beute kennen - den nächsten!«, lernte ich von einem der dortigen »game warden«. Und das gilt nicht nur für den Schuss mit dem Betäubungsgewehr!

Es entwickelte sich daraus eine über mehrere Wochen währende Aktion, bis wir schließlich die 20 stärksten Hirsche aus den Gehegen umgesiedelt hatten. Sie waren an Menschen gewöhnt, aber ich habe, nachdem wir sie in die Freiheit entlassen hatten, keinen von ihnen jemals wiedergesehen. Unglaublich, wie sich zahme Tiere in kurzer Zeit umstellen, heimlich werden.

Das Projekt musste beendet werden, weil Auflagen aus Brüssel verboten, das große Gebiet jagdlich kommerziell zu nutzen, der Besitzer hatte ja bereits von der Europäischen Gemeinschaft beträchtliche Summen für Aufforstungsmaßnahmen kassiert.

Durch meine Kontakte zu Jägern in aller Welt war es, nachdem mein Arbeitsverhältnis als Schriftleiter bei der »Wild und Hund« und Lektor des Paul Parey Verlags nach über zehnjähriger Tätigkeit aufgelöst worden war, schließlich naheliegend, mich wieder selbstständig zu machen und gegen den Rat vieler Freunde meinen Lebensunterhalt mit Jagdvermittlungen zu verdienen. Als Jagdführer, Jagdbegleiter, Organisator für Jagdreisen und Fotosafaris sowie Berater im Filmgeschäft durfte ich so auf allen Kontinenten und in fast allen interessanten Ländern der Erde jagen. Das Geschäft florierte, meine Kunden zählten zur jagdlichen Elite, bis ich vermehrt Anfragen aus dem jagdlichen Proletariat bekam, man buchte Reisen, um zu töten, nicht um zu jagen.

Zudem wurde es schwieriger, Safaris, in der Art, wie ich sie liebte, zu vermarkten. Wirkliche Wildnis, Abenteuer ohne Luxus, ohne Komfort waren nicht mehr gefragt. Reisen in noch unerschlossene Gebiete, für mich besonders reizvoll, waren weder zumutbar noch gewünscht.

Ein Damhirsch im verblühten Raps.

Die beim Boxkampf der Feldhasen ausgerissenen Haarbüschel werden als Rammelwolle bezeichnet.

Männliche Greifvögel werden Terzel genannt, nur der Sperber heißt Sprinz.

Jakobschafe tragen meistens vier Hörner.

Damwild im Sprung.

»Oculi, da kommen sie!« – Waldschnepfen sind bekannt für ihren Zickzackflug.

Als Jagdbegleiter unterwegs

Um neue Reviere und Partner weltweit kennenzulernen, musste ich viel Geld investieren. Meine Erkundungsreisen finanzierte ich mit Artikeln, die ich für Jagdzeitschriften verfasste. Anfangs war es nicht schwierig, Redaktionen zu finden, denn Berichte über ungewöhnliche Jagdziele und Beschreibungen von nicht alltäglichen Jagdreisen waren begehrt. Allmählich realisierten aber Verleger und Chefredakteure, dass sich mit »Testjagden« die Anzeigengeschäfte erheblich steigern ließen.

Heute verkommen solche Fahrten zu wenig objektiven, stillosen Akquisitionsreisen, von denen in erster Linie die Anzeigenkunden der Verlage profitieren. Ich hatte gelernt, Redaktion und Anzeigengeschäft stets strikt zu trennen. Doch auch in der Welt der Medien hat sich seit meinem Ausscheiden aus dem Verlagswesen einiges geändert, nicht nur zum Vorteil der Leser.

Als ich über eine Reise nach Britisch-Kolumbien berichten sollte, gab mir Dr. Georgi, der von mir sehr verehrte Verleger und geschäftsführende Inhaber des Paul Parey Verlags, einen Rat von Antoine de Saint-Exupéry mit auf den Weg: »Wenn du ein Schiff bauen willst, dann trommle nicht Männer zusammen, um Holz zu beschaffen, Aufgaben zu vergeben und die Arbeit einzuteilen, sondern lehre sie die Sehnsucht nach dem weiten, endlosen Meer.«

Diesen Rat habe ich beherzigt. Ich habe meine Leser mit meinen Berichten an die Hand genommen, sie zum Träumen verführt, Sehnsüchte und das Bedürfnis geweckt, mit mir gemeinsam in einem Paradies auf Erden zu jagen.

Der alte Herr gab mir noch andere wertvolle Ratschläge: »Versuchen Sie beim Leser alle Sinne zu animieren. Nicht nur zu schreiben, was Sie sehen und schießen, auch was Sie hören, riechen, fühlen und träumen.«

Auch von Klischees habe ich mich ferngehalten. Der überwiegende Teil der Manuskripte, die ich als Schriftleiter lesen und redigieren musste, strotzte vor Klischees. Der Jagdherr ist immer großzügig, das Waidmannsheil kommt immer aus vollem Herzen, der 100 Meter entfernt schnürende Fuchs ist immer ein starker Rüde, der Frühstückstisch ist von der Frau des Jagdführers immer liebevoll gedeckt, und der Blattschuss ist immer »sauber«.

Mir lag daran, dass meine Artikel über Jagd in fremden Gefilden nicht belehrend oder besserwisserisch klangen, sie sollten durch bildhafte, lebendige Beschreibungen, eindrucksvolle Stimmungsbilder oder Situationskomik im Leser Neugierde, Fernweh und den Wunsch wecken, auch an solch einem Abenteuer teilzunehmen. Ich spürte Zufriedenheit, ja sogar Stolz, dass sobald einer meiner Auslandsartikel veröffentlicht worden war, zahlreiche Kunden eine Safari buchten, zudem unter der Bedingung, dass ich sie begleitete. Das Geschäft florierte.

Abenteuer »Testreisen«

Mit etwas Unbehagen denke ich zurück an eine »Erkundungsreise« nach Kasachstan. Ich jagte dort mit meinem Sohn Marale und Steinböcke im Dsungarischen Alatau, einem Gebirge an der chinesischen Grenze. In den letzten Monaten, so eröffneten mir die freundlichen Russen, seien in dem Gebiet auf mysteriöse Weise einige Jäger verschwunden. Einige fand man erschossen, der Verbleib der anderen sei ungewiss. »Aber das waren alles nur Chinesen«, versuchten die einheimischen Jäger mich zu beruhigen. Die Feindschaft gegen die Bewohner des Nachbarlandes sitzt tief bei den Kasachen. Mir war bald klar, dass ich bei den immer wieder aufflammenden Privatfehden keine Kunden in dieses Gebiet führen konnte. Trotzdem hatten wir eine wundervolle Zeit in dem neuntgrößten Land der Erde.
Enttäuschend war ein Projekt für Jungjäger in Schottland. Ich wollte, nicht ganz selbstlos, preiswerte Jagdmöglichkeiten auf Rehböcke bieten und nannte das Programm »Jagen auf eigene Faust«. Jeder Kunde bekam ein Jagdgebiet zugeteilt, auf der Landkarte wurden landschaftliche Eigenheiten seines Bezirkes erläutert, vermutliche Einstände, Wasserläufe, die übliche Windrichtung, bevorzugte Äsungsstellen, Hochsitze etc. Anschließend wurde den Jagdgästen bei einer Rundfahrt durch »ihr« Revier alles noch einmal genau erklärt, dann konnten die (vielfach tatsächlich an Jahren jungen) Jäger fünf Tage lang nach Herzenslust jagen, wann, wie und wo auch immer sie wollten. Der Erfolg war allerdings deprimierend. Kaum einer erlegte, obwohl die Rehwilddichte in den Revieren hoch war, einen Bock. Ein Zeichen, dass mit der Ausbildung der Jäger in Deutschland manches im Argen zu liegen scheint?

Seniorenjagden

Verschiedentlich bekam ich von betagteren Herren zu hören: »Afrika? Gerne! Eine Safari würde mich sehr reizen, doch um einen Kaffernbüffel zu schießen, bin ich zu alt.« Man sollte wissen, dass Büffel, wenn man sich auf gute Schussweite genähert hat, von jedem halbwegs sicheren Schützen, ob jung oder alt, erlegt werden können. Und um ohne größere Strapazen nahe genug an eine Herde heranzukommen, hatte ich folgenden Plan entwickelt: Bei Anbruch der Morgendämmerung fuhr ich mit meinen Fährtenlesern die Wasserlöcher und großen Schotterpisten ab.

Fanden wir frische Büffelfährten, folgten meine Jungs ihnen. Sobald sie die Tiere gefunden hatten, normalerweise, wenn sie sich gegen Mittag zum Wiederkäuen und Ruhen im Schatten niedergetan hatten, informierten mich meine Jagdhelfer per Funk, gaben ihre Koordinaten durch (Navigationstechnik macht's möglich!), und ich wusste, wohin ich mit den älteren Jägern zu fahren hatte. Bis wir vor Ort waren, dauerte es natürlich ein, zwei Stunden, in denen die Büffel weitergezogen waren. Nun galt es, ihnen zu folgen, manchmal ein oder zwei, seltener auch mehr Kilometer, aber meinen Kunden blieben auf diese Weise viele Stunden und sehr viele mühsame Kilometer erspart, bis wir die Büffel eingeholt hatten. Einige alte Herren kehrten nach erfolgreicher Büffeljagd auch begeistert wieder mit mir aus Zimbabwe zurück, dennoch wurde mein Programm für ältere Jäger wider Erwarten auch nicht der Hit.

Blende statt Büchse - Fotopirsch durch den Nationalpark

Außer auf der Jagd begleitete ich Gäste auch auf Fotosafaris. Diese Reisen waren anstrengend, weil ich es oftmals mit Menschen zu tun hatte, die wenig Bezug zur Natur hatten, Wildtiere lediglich aus dem Fernsehen oder Tierpark kannten. Die meisten hatten vorher nie ein Feuer gemacht, einen Sonnenaufgang erlebt, waren nie von Moskitos gestochen worden und reagierten verzweifelt, wenn ich ihnen auf unseren Fahrten durch die Nationalparks kein WC zur Verfügung stellen konnte.

In afrikanischen Nationalparks dürfen Touristen - ganz im Gegensatz zu den Parks in Europa und Amerika - den Wagen nicht verlassen oder gar herumlaufen. Der Grund für diese Vorschrift klingt so banal, wie er von essenzieller Bedeutung ist: Es gibt wesentlich mehr Lebewesen in Afrika, die einen piesacken, stechen, beißen oder auffressen könnten.

Dass Besucher das Auto in den Nationalparks nicht verlassen dürfen, hat den Vorteil, dass sich die Tiere mittlerweile an die Fahrzeuge gewöhnt haben und sich durch sie nicht bedroht fühlen. Die Menschen können bis auf wenige Meter an eine Lagune voller Flusspferde, eine Herde Büffel, einen in einer Astgabel dösenden Leoparden oder an eine Löwin mit ihren Jungen heranfahren und die unter diesen Umständen »harmlos« wirkenden Tiere in Ruhe fotografieren. Ein Nachteil ist, dass viele Touristen dadurch einen falschen Eindruck von Wildtieren bekommen.

Zwischen Sonnenuntergang und Sonnenaufgang ist es in den Nationalparks glücklicherweise verboten, mit dem Auto herumzufahren. Nur dadurch, glaube ich, ist noch ein Rest von Wildnis des Busches erhalten geblieben. Am Tage gehört Afrika den Touristen, nach Einbruch der Dunkelheit fordern die Tiere den Busch zurück.

Alltagsszenen aus meinen mannigfaltigen Führungen durch die Wildnis: »Dort, ein Rudel Impalas«, dozierte ich und wurde sofort unterbrochen. »Da drüben stehen Tiere, wissen Sie, wie die heißen?« Ich ließ mich nicht aus dem Konzept bringen. »Impalas, die häufigsten Antilopen des südlichen Afrikas«, fuhr ich fort. Stimme aus der letzten Reihe: »Ich habe eben Antilopen gesehen, können wir noch mal zurückfahren? Ich möchte die gerne für meinen Enkel fotografieren«, aber da wartete schon die nächste Attraktion: Auf dem kargen Sandboden ästen Gnus. »Die armen Tiere, warum füttert man die denn nicht, die haben doch gar nichts zu fressen«, äußerte sich eine schüchterne Dame. Für einen Moment herrschte Stille im Bus. Filmkameras surrten, Handys klickten, dann flüsterte eine Frau: »Könnten Sie vielleicht zwei Meter vorfahren?« Weiter ging die Fahrt. »Sind das wirklich Elefanten?« - »Ja!«, konnte ich den Mann aus Wuppertal beruhigen, als die grauen Riesen etwa 20 Meter vor uns über die Straße schlurften. »Die habe ich mir ganz anders vorgestellt.« Auf diese vielsagende Feststellung ging ich nicht weiter ein. Zehn Minuten später wieder Elefanten auf der Piste, wieder hielt der Bus. Ungeduldig beschwerte sich der Mann aus Wuppertal, der sich Elefanten anders vorgestellt hatte: »Die haben wir doch schon, fahren Sie weiter!«

Ein Elefant mit erhobenem Rüssel gilt als Symbol für Glück.

An der nächsten Wasserstelle ruhten vier vollgeluderte Löwen. »Voll süß!«, begeisterte sich eine Mitfahrerin. Ich konnte sie nur mit Mühe davon zurückhalten, aus dem Wagen zu klettern, um die kleinen Kätzchen zu streicheln, aber dann wehte mit einem Mal der Wind den bestialischen Gestank des Gnus, das die Könige der Tiere gerissen hatten, zu uns herüber. Die gesamte Gesellschaft hielt sich angeekelt die Nase zu. Als ein Mitfahrer die blutigen Überreste der Eingeweide entdeckt hatte, hielten sich mehrere der Tierfreunde ein Taschentuch vor den Mund und baten darum, schleunigst weiterzufahren.

Viele meiner »Fotokunden« wussten, dass ich mein Geld auch mit Großwildjagd verdiene, und eine Rechtfertigung hierfür war mitunter problematisch.

»Wie kann man ein so majestätisches, elegantes, erhabenes Tier nur wegen seiner Trophäe umbringen?«, lautete eine der häufigsten Fragen. Dass das Ziel der meisten Trophäenjäger alte männliche Stücke sind, deren Überleben für den Fortbestand insgesamt keine Rolle spielt, leuchtete längst nicht allen meinen Gästen ein.

Es ist schwierig, einem Stadtmenschen klarzumachen, dass ein Tier in der Wildnis nur entfernt Ähnlichkeit mit seinen Artgenossen in Gefangenschaft hat, auch wenn es sich äußerlich kaum von den Exemplaren im Zoo oder Park unterscheidet. Es ist im Gebrauch seiner Sinne ein völlig anderes Lebewesen, mit den bezüglich ihres Verhaltens an Menschen gewöhnten Tieren absolut nicht zu vergleichen. Eine treffende Parallele dazu sind die zahlreichen Sauen in Berlin, die sich längst an die Anwesenheit der Menschen gewöhnt haben.

»Jagen und Schießen, das erste ist die Hauptsache, das zweite die wichtigste Nebensache«, versuchte ich meinen Gästen klarzumachen und hatte, auch wenn sie nicht immer verstanden wurden, gute Argumente, um meine Passion zu verteidigen.

Bei einer guten Jagd geht es nicht um das Töten. Das Faszinierende, der Genuss, ja die Erfüllung liegt im Reiz des Forschens und Suchens, dessen Ausgang nie sicher, dessen Ziel stets ungewiss ist.

In Afrika halfen mir bei meinen Versuchen, die Notwendigkeit der Jagd zu erklären, auch die mitunter unermesslichen Schäden, die marodierende Elefantenherden auf den kümmerlichen Feldern der Einheimischen anzurichten in der Lage sind, oder auch der Aspekt, dass die Viehherden der armen Bevölkerung durch große Raubkatzen dezimiert zu werden drohen.

Einmal allerdings wusste ich tatsächlich nicht weiter. Eine attraktive junge Frau hielt mir vor: »Freude an der, Eintauchen in die Natur, Ge-

nießen der Ruhe im Wald, sportliche Betätigung an frischer Luft, spannende Erlebnisse, das Beobachten der vielen kleinen Wunder, die man beim ›normalen‹ Spaziergang in Feld und Wald nie entdecken würde, oder das Überlisten des Wildes, aber auch die Liebe zu wilden Tieren, all das sind keine stichhaltigen Argumente, um ihre sogenannte Jagdpassion zu begründen, das können Sie schließlich alles auch, ohne dabei ein Tier zu töten.« - »Und einen Rehrücken, einen Hasenbraten oder eine Wildschweinkeule können Sie beim Wildhändler erwerben«, setzte sie abschließend hinzu.
Hierauf suche ich noch heute eine überzeugende Antwort.
Auf dem Rückflug von einer Jagdreise saß ich neben einer älteren Dame. Im Laufe unseres Gesprächs erzählte ich ihr, dass ich einmal einen uralten Büffel geschossen hätte, der innerhalb weniger Sekunden schmerzlos durch meine Schüsse getötet worden wäre. Hätte ich ihn nicht geschossen, hätten ihn kurz darauf die Hyänen bei lebendigem Leib in Stücke zerrissen und gefressen. Außerdem wäre durch sein Fleisch die Not in der hungernden Bevölkerung gelindert worden, fügte ich noch hinzu.
Da wendete sich die Frau angeekelt ab. Ihrem Murmeln entnahm ich: »Wie brutal, wie pervers muss ein Mann sein, der Tiere tötet.« So ein großes Tier brutal umzubringen und dann auch noch zu verspeisen überstieg bei Weitem ihre Vorstellungskraft. Wir schauten uns anschließend denselben Film an, der mich bereits auf dem Hinflug nach Afrika beeindruckt hatte: Ein Gepard hetzt eine weibliche Impala, zieht sie zu Boden, reißt Stück für Stück große Fleischbrocken aus dem sich anfangs noch aufbäumenden, dann nur noch zuckenden Wildkörper. Blut spritzt, während das Kitz (»Ach, wie süß!«) teilnahmslos danebensteht. Der lange, qualvolle Todeskampf machte mich erneut nachdenklich, aber die begeisterte Tierfreundin klärte mich schließlich auf: »Das ist Natur!«

Betrug - Rehböcke »aus der Kiste«

Das Ehrenschild des edlen Waidwerks hat Flecken und Scharten bekommen. Ich meine damit nicht manchmal gewagte Übertreibungen oder die kleinen Übertretungen, die Jäger dann und wann vom Pfad der waidmännischen Tugend abbringen, sondern kriminelle Machenschaften, vor allem Betrügereien im Zusammenhang mit Auslandsjagden.
Betrüger haben hierzulande allem Anschein nach ein leichtes Betätigungsfeld, denn wer sich seinen Traum einer Auslandsjagd erfüllt, ist hochgestimmt, schließt ja einen Vertrag mit einem seelenverwandten Wesen, einem Waidmann - und beides kann zu blindem Vertrauen führen.

Ich denke da an fünf Schweizer Jäger, die in der ungarischen Puszta fünf kapitale Rehböcke schießen wollten. Dafür hatten sie vier Jagdtage eingeplant und eine beträchtliche Anzahlung geleistet.
Nun sind auch in den Weiten das Magyarenlandes Goldmedaillenböcke nicht so dicht gesät, die heimischen Jagdführer brachen ob der Wünsche ihrer betuchten Gäste auch nicht in Begeisterungsstürme aus, aber schlussendlich wurde den Eidgenossen am Ende der Reise eine beträchtliche Rechnung über fünf Goldmedaillen-Rehböcke präsentiert.
»Da brauchst du in den nächsten Jahren keine Gäste mehr hinzuschicken«, überlegte ich, teilte meine Bedenken auch den ungarischen Herren mit, aber von dort kam Entwarnung. Wie ich unter vorgehaltener Hand erfuhr, waren die fünf Rehböcke kurz vor Ankunft der Jagdgäste aus einem nahe gelegenen Gehege »ausgebrochen«.
»Das ist doch Betrug!«, schimpfte ich mit dem Jagdveranstalter. »Nix Betruug, wollen Häärren Medaillen, haben Häärren Medaillen bekommen«, zuckte der Oberjäger die Schultern.

Ein teurer Bär

Ein besonderes Erlebnis widerfuhr einem Jäger, der in Bulgarien einen Hauptbär erlegt hatte. Die Decke brachte laut »offizieller« Bewertung der Jagdführer über 450 CIC-Punkte - Goldmedaille - große Freude. Anstandslos zahlte der Schütze die hohen Gebühren. Die Ernüchterung kam dann in Deutschland. Ein Präparator vermaß die Decke erneut und stellte erhebliche Abweichungen fest, aus dem Hauptbären wurde ein deutlich geringerer Bär. Das Geld war futsch. Auch ein umfangreicher Schriftwechsel mit dem Jagdveranstalter im Ausland, Gerichtsort des Vertrags war Sofia, brachte es nicht zurück. Hätte sich der Gast vor Ort vergewissert, dass die Decke ordnungsgemäß gewogen wurde, und hätte er nicht dem (kriminellen) Veranstalter blind vertraut, wäre ihm diese wahrhaft teure Lektion erspart geblieben.
Zwar können Irrtümer beim Vermessen unterlaufen, aber die Zeiten, in denen ein Schädel nass gewogen wird, ominöse »Schönheitspunkte« vergeben (und berechnet) werden oder anderweitig manipuliert wird, sind glücklicherweise nahezu vorbei. Die Bewertung erfolgt heutzutage größtenteils durch staatliche Kommissionen, und diese bereichern sich in der Regel nicht an den Jagdgästen.

Angeschweißt und angeschmiert

Auf einer Wolfsjagd in Sibirien wurde ein Grauhund von einem meiner Gäste beschossen, der Rest des Rudels ging durch die Lappen. Am

Ein Reh inmitten eines wogenden Meeres tiefblau blühender Kornblumen.

Anschuss fanden wir Schweiß. Unsere russischen Begleiter folgten mit ihren Motorschlitten sofort der Spur in dem hohen Schnee. Bereits nach zehn Minuten waren sie zurück. Stolz präsentierten sie einen völlig steif gefrorenen Wolf. Der Schütze, ein deutscher Tierarzt, durchschaute den Schwindel sofort: Der Wolf war bereits vor einigen Tagen geschossen worden.

Bei Nachsuchen, so meine Erfahrung in ausländischen Jagdgefilden, ist immer etwas gesundes Misstrauen geboten.

In Russland schossen zwei Gäste auf unglaubliche Entfernung, angeblich über 500 Meter, je einen Steinbock. Die hochkapitalen Böcke sprangen ab, die Russen übernahmen die Nachsuche, während die beiden deutschen Jagdgäste mit zwei Begleitern ins Camp zurückritten. Am Abend traf auch der Rest der Mannschaft wieder im Lager ein und präsentierte zwei bereits sauber abgekochte, kapitale Steinbockschädel. So wurden gewilderte Trophäen geschickt »entsorgt« und zu Geld gemacht. Die Gäste sind noch heute davon überzeugt, sie hätten diese Böcke erlegt und die Jagdführer hätten die Häupter hoch oben im Gebirge in wenigen Stunden präpariert.

Wild hat keinen Preis, es hat einen Wert, habe ich schon in meiner Jugend gelernt. Ich verdiente meinen Lebensunterhalt durch konventionelle Jagd – eine faire Jagd, wie sie uns Brüdern ins Herz gebrannt wurde, ist jedoch kaum noch gefragt. Die Welt wird sich auch ohne uns weiterdrehen, aber nur so lange es Jäger gibt, wird es auch Wild geben.

JAGEN IM LAND DER ABORIGINES

Die Jagd in der Wildnis, ganz auf sich allein gestellt, ist nicht jedes Jägers Sache – so entstand die Idee, Australien, diesen einmaligen Kontinent mit seiner ganz besonderen Vielfalt an exotischen Tierarten, für deutsche Jäger zu erschließen.

Down Under

Bevor ich für den Paul Parey Verlag arbeitete, hatte ich in Neuseeland gelebt und unter anderem dort im Auftrag des Landwirtschaftsministeriums Rotwild geschossen. Eine unvergessliche Zeit. Mir war bewusst, dass die Jagd in der Wildnis, ohne fremde Hilfe, nur auf sich allein gestellt, den durchschnittlichen deutschen Jäger überfordert, daher suchte ich für meine Jagdreise-Agentur eine Alternative auf der anderen Seite des Globus.

Damals war Australien in der Gedankenwelt deutscher Jäger noch ein Kontinent mit exotischen Wildarten und sehr, sehr weit von Europa entfernt. Aber ich wusste, es gibt dort starke Keiler und Wasserbüffel im Überfluss, nur kein deutsches Jagdreiseunternehmen hatte bisher diesen Schatz gehoben.

Alles begann vielversprechend: »Du willst Wasserbüffel schießen? Komm rüber, wir haben Hunderte, Tausende!« Meine Kontaktperson, Regierungsangestellter, mit einer Aborigine-Frau verheiratet, war der einzige Weiße in einem Reservat der Ureinwohner. Die Ansiedlung, in der bis auf den einen Weißen nur Aborigines wohnten, bestand aus knapp 100 Blech- und Holzhäusern, besaß einen Laden, eine Schule - und ein Krankenhaus.

Australier behaupten, 90 Prozent der Bevölkerung ihrer Heimat leben in den Städten, 9/10 des Landes bleiben für die Natur. Fährt man stundenlang durch die menschenleere Einöde, gewinnt man tatsächlich den Eindruck. Der Mensch ist nur eine Randerscheinung in Down Under. Der letzte von Europäern in Besitz genommene Erdteil ist überwiegend an seinen Rändern besiedelt, in den ungeheuren Räumen des Inneren herrschen Wildnis, unendliche Weite, Stille und gleißendes Licht.

In Australien scheint alles größer zu sein als bei uns, auf rund 7.700.000 Quadratkilometern leben ca. 25 Millionen Einwohner. Auf der Landkarte wirkt die Entfernung Sydney–Darwin gering, aber es sind über 3.000 Kilometer Luftlinie, und entsprechend einmal quer: Brisbane-Perth rund 3.600 Kilometer.

Die nordaustralische Hafenstadt Darwin ist Hauptstadt der Northern Territory.
Wir verließen sie Richtung Katherine, fuhren durch aromatisch duftende Paperbark- und Eukalyptuswälder. Schlagartig ließ der Verkehr nach, ab und zu ein riesiger Lastzug, sonst menschenleere, endlose Weite, öde Wildnis weit und breit.
Es waren gewaltige, ungewohnte Entfernungen, die wir hier in den Tropen zurücklegten, deswegen hatten wir zwei Ersatzbenzintanks auf dem Dach unseres Geländewagens deponiert.
In erschreckender Regelmäßigkeit lagen ein überfahrenes Känguru, ein Schwein oder ein Hund neben der Piste.
Kilometer um Kilometer rollte der Wagen gen Süden. Um 11.00 Uhr zeigte das Thermometer bereits 33 Grad. Im Schatten eines Tamarindenbaums machten wir Rast, lutschten seine sauren Samen, und ich lernte, dass grüne Ameisen sauer wie Limonen schmecken. Ein Laster brauste vorbei - ungeheure Ausmaße, er war fast 40 Meter lang. Ibisartige Vögel am Straßenrand beobachteten die vorbeirauschenden Autos, und Gabelweihen kreisten am Himmel in Erwartung leichter Beute, die ihnen der Straßenverkehr bescheren würde.
Weiter ging die Reise, rote Termitenhügel, rote Erde (daher rührt auch die Bezeichnung »Roter Kontinent«), Hitze, verdorrtes Gras zwischen kümmerlichem Wuchs, auf dem genügsames Vieh in der prallen Sonne stand, prägten die Fahrt durch die Einsamkeit. Wenige bunte Blüten boten erfreuliche Abwechslung. Gewöhnungsbedürftig!
Links und rechts der Straße Mangoplantagen, vor allem aber: Eukalyptus, Eukalyptus, Eukalyptus! Trotz alledem wirkte die Landschaft nur auf den flüchtigen ersten Blick eintönig auf mich. Schließlich gibt es auf diesem Kontinent allein über 20.000 verschiedene Pflanzenarten, und auch die Fauna Australiens weist eine ganz besondere Artenvielfalt auf - ein Großteil der Arten ist endemisch, existiert also nur hier in Australien.
Schnurgerade, bis zum tischebenen Horizont, erstreckte sich die Autopiste vor uns. Endlich ein Straßenschild mit der Aufschrift »Sydney 1.135 km - Alice Springs 1.115 km«.
Schließlich kamen wir nach Katherine und dann in das den Aborigines gehörende East Arnhem Land, erreichten Beswick an der Central Arnhem Road, knapp 1.000 Kilometer südlich von Darwin.
Abends kam uns auf der Landstraße die Frau meines neuen Freundes im Auto entgegen, um uns zu eskortieren. Sie gebietet über das Alkoholdepot des riesigen Reservats. Wer hier mit Alkohol angetroffen wird, muss mit empfindlichen Strafen rechnen.

Die Chancen einer erfolgreichen Jagd auf einen Wasserbüffel stehen in Australien besonders gut.

Als wir mit einem Tag Verspätung in den Busch zogen, lagen auf der Ladefläche des Pick-ups zwei Gewehre des Herstellers Ruger. Ihr Zustand war bedauernswert. Eines mit Zielfernrohr im Kaliber .223, das andere ohne Glas im Kaliber .308. »Which one do you want to use?«, fragte mich mein Begleiter Phil. Ja, welches der beiden wollte ich nehmen? Zögernd wählte ich den Repetierer in .308.

Kaliber .308 gegen 1.000 Kilogramm geballte Kraft und Wildheit. Lachend drückte mir Phil die leichte Repetierbüchse in die Hand. Ich habe so manchen Büffel erlegt - nicht immer mit schwerem Großkaliber -, aber dieses Geschoss erschien mir für das wehrhafte Wild wahrhaftig zu schwach. »Just behind the ear. We chase them because of the meet, just bang him into the head!«, grinste Phil - was so viel bedeutet wie: »Du brauchst nur hinter das Ohr zu schießen. Wir jagen wegen des Fleisches, schieße einfach in den Kopf!« Auch so etwas muss man in Kauf nehmen, wenn man seine Reise auf eigene Faust organisiert, ein Abenteuer mit all seinen Unwägbarkeiten ohne Fürsorge, Erfahrung und Sicherheit eines teuren Safarivermittlers mit seinem ganzen Stab.

Wasserbüffel sind schwerer als Kaffernbüffel. Ein unsympathischer Gedanke, mit einem so schwachen Kaliber zu schießen. Ich habe längst nicht alles wehrhafte Großwild mit supermodernen Waffen erlegt, aber nun machten sich Bedenken breit. Schließlich habe ich sogar selbst Elefanten mit Kopfschuss getötet, daher schob ich meine Zweifel beiseite und gab mich aufgrund des Arguments, mit dieser Waffe wären bereits viele Hundert Büffel geschossen worden, geschlagen.

Die Büchse hatte weder Kimme noch Korn, das Zielfernrohr war kürzlich durch einen Sturz unbrauchbar geworden.

Nach dem dritten Probeschuss stellte ich fest: unmöglich, mit dem Prügel exakt zu schießen. »I will only shoot in range of twenty meters«, sagte ich getreu meiner Devise, Wild stets nur aus einer Entfernung von 20 Metern zu schießen. »The closer to the game, the more attractive hunting and shooting are«, sagte ich erklärend zu Phil, je näher am Wild, desto reizvoller sind Jagd und Schuss.

Beim Schuss über die offene Visierung bin ich gezwungen, die Schussdistanz zu respektieren. Dadurch wird die Beziehung zum Beutetier intensiver, sozusagen Auge um Auge, nicht durch moderne optische Hilfsmittel unterbrochen. Ich empfinde beim Schuss über Kimme und Korn anders als durch das Zielfernrohr. Die kürzere Distanz zwischen Jäger und Wild schafft eine imaginäre Verbundenheit mit dem Tier. Mit zunehmender Entfernung wird das anvisierte Wild durch technische Hilfsmittel nicht mehr so intensiv wahrgenommen, die Beziehung ist enger, je näher ich ihm bin.

Good meat!

Kaum eine halbe Stunde hatten wir uns am nächsten Morgen vom Dorf entfernt und fuhren in dem großen Geländewagen mit den ungewöhnlich breiten Reifen vorbei an hüfthohen Termitenhügeln, da bewegte sich mit einem Mal eine rote Staubwolke vor uns fort. »Do you want to kill a dunkey?«, fragte mich Conway. »Good meat!«, fügte er nachdrücklich hinzu. Ich lehnte ab, eines der wilden Grautiere zu erlegen, danach stand mir nicht der Sinn, und so suchten die Langohren in wilder Flucht das Weite.

»In einem Europa der Sattheit wird vielfach übersehen, dass nach wie vor etwa 80 Prozent der Weltbevölkerung von den Wildtierbeständen abhängig sind«, überlegte ich.

Drei, vier Kilometer fuhren wir unter zwei bis drei Meter hohen verkohlten Überresten und Strünken von Eukalyptusbäumen entlang. Die Einheimischen hatten Feuer gelegt, nun sprießte neues Grün, frische Äsung. Ein Heer großer Raubvögel schoss über uns dahin, und drei pechschwarze Schweine suchten ihr Heil in der Flucht.

Wege gibt es nicht in diesen entlegenen Gebieten, Menschen kommen selten hierher. (Jagd-)Tourismus ist in den wildreichen Gefilden nahezu unbekannt.

Im Umkreis von rund 40 Kilometern fand sich weder ein Zaun, geschweige denn ein Haus. Drei Stunden lang fuhren wir durch staubtrockenes, unwegsames Gelände. Meine Augen hatten sich mittlerweile auf Licht und Schatten, Farben und Färbungen, Tönungen und Töne, Hell und Dunkel um- und eingestellt.

Neun Kängurus hatte ich gezählt, aber keinen Büffel, als wir nach einem märchenhaften Sonnenuntergang ins Dorf zurückkehrten.

Der Abend am Lagerfeuer wurde lang, wir tauschten wort- und gestenreich unsere Erfahrungen untereinander aus. Ein dem Admiral ähnlicher Falter gaukelte vorüber, erinnerte mich an Deutschland.

»Was schießt ihr in Germany?« - »Rehe und Hirsche.« - »Kann man die essen?« Wie weit sind wir doch von dem kleinen, von diesem Fleck der Erde aus betrachtet unbedeutenden Europa entfernt!

Voller Tatendrang ging es am nächsten Morgen wieder los. Kaum war das erste Licht am Himmel zu ahnen, wurde es überraschend schnell hell. Morgen- und Abenddämmerung sind auf der anderen Seite der Welt ungewohnt kurz!

Mal leuchtete die Rinde der Eukalyptusbäume silbergrau, mal braun, dann eher golden, teilweise auch bräunlich blau bis rötlich. In den Kronen warnten krächzend Kakadus. Immer wieder mussten wir tiefen, steilwandigen Gräben ausweichen, der Fahrer wurde gefordert, der Jäger dagegen noch nicht.

Während ich vom Dach des Geländewagens aus Ausschau hielt, umsummten und piesackten mich unzählige Insekten.

Der Rosakakadu ist nahezu auf dem gesamten australischen Kontinent verbreitet.

Andere Jäger, anderes Jagen

Die Sonne hatte das Land ausgedörrt. Es war zundertrocken. Unter unseren Schuhsohlen brach und knisterte, raschelte und krachte es bei jedem Schritt. Wie aus dem Nichts kommend, stießen wir unverhofft auf kleine Wasserlöcher. Auf einem großen See, dessen Ufer gesäumt waren von grünen Schilfflächen, lagen Enten. Am Rand stolzierten Reiher oder lauerten bewegungslos auf Beute. Unwirklich, paradiesisch anmutende Bilder in einer für den Unwissenden lebensfeindlich anmutenden Umgebung.

Rehgroße graue Kängurus huschten vor uns davon. Dann sahen wir rote, stark wie ein Stück Damwild, und schließlich zwei braune, weitaus größere. Sie alle flüchteten in großen Sprüngen fort. In freier Wildbahn sind Australiens Wappentiere scheue Geschöpfe, in Großgehegen werden sie für den menschlichen Verzehr gezüchtet. Die aktuell rund 50 Millionen in Freiheit lebenden Kängurus werden zur Erhaltung des ökologischen Gleichgewichts jährlich von speziell lizenzierten Jägern um etwa fünf Prozent reduziert.

Da - urplötzlich ein wildes schwarzes Durcheinander! 30, 40 Büffel flüchteten in hohem Tempo fort. Eine Staubfahne hinter sich herziehend, raste die Herde im wilden Galopp davon. Gespannt schaute ich den Tieren hinterher. »Take that one!«, riss mich Phil aus meinen Gedanken. Ein Nachzügler, eine alte Kuh, verhoffte rund 30 Meter von uns entfernt, äugte starr zu uns her, wollte gerade abdrehen, doch schon fiel mein Schuss. Hinter dem Lauscher getroffen, brach sie sofort zusammen. Als wir vor dem gewaltigen Wild standen, stellte ich erleichtert fest, dass die Kuh nicht geführt hatte. Meine Begleiter verstanden meine Erleichterung nicht.

Kakadus flatterten davon, ein grüner, langschwänziger Papagei brachte sich in Sicherheit, und nach einer weiteren Stunde gab ich es auf, Conway auf Kängurus, verwilderte Esel und Kühe aufmerksam zu machen. Es gab einfach viel zu viele.

Bis zur Mitte dieses heißen Tages hatten wir mehr als 100 Büffel, ebenso viele Esel und 50 Kängurus gesehen, hatten in einem Gebiet von 3.560 Quadratkilometern über 200 Kilometer durch unwegsame Landschaften zurückgelegt, erlebten zwei Reifenpannen und hatten die erlegte Büffelkuh im Busch zurückgelassen.

Der Reiz zu jagen, wo es Wild im Überfluss gibt, ist nicht so groß wie in wildarmen Gebieten, kein mühsames, tagelanges Suchen, man nimmt sich schnell und effektiv von dem Reichtum das, was am einfachsten zu erbeuten ist und am besten schmeckt. Die Natur produziert ohne Hege und Wahlabschüsse, ohne Abschusspläne und andere Vorschriften in einer lebensfeindlich erscheinenden Umgebung so viel, dass sporadische Massenabschüsse unumgänglich sind, damit die Wildbestände nicht ausufern und durch Seuchen dahingerafft werden. Vor wenigen Jahren noch wurden hier mehrere Hunderttausend Büffel und Esel vom Hubschrauber aus getötet, weil die Wildmassen zur Gefahr für die heimische Flora geworden waren. In kurzer Zeit hat sich die Wildbahn wieder erholt, die Bestände von Büffel, Esel, Kamel, Känguru sind wieder rapide angestiegen, und man ist gezwungen, erneut über ähnliche Aktionen nachzudenken.

»In Europa nutzen wir unsere Umwelt intensiver als die Australier«, überlegte ich. Bei uns drängen sich etwas über 200 Menschen samt ihren modernen Bedürfnissen und Lebensgewohnheiten auf durchschnittlich einem Quadratkilometer.

Am nächsten Morgen fuhren wir über ehemaliges Farmland, das den Aborigines zurückgegeben worden war, vorbei an einem pompösen Farmhaus, das verlassen und dem Verfall preisgegeben sein Dasein fristete. Es war deutlich zu erkennen, dass es einst ein stattliches Anwesen gewesen sein musste. Ausgeschlachtete Autowracks, verrostete Maschinen, zerfallene Zäune und Plastikmüll waren letzte Zeugen von einem einstig regen Leben, zu einer Zeit, in der das Gebiet von Weißen bewirtschaftet wurde. Nun aber holte sich die Natur gierig zurück, was der Mensch versucht hatte, ihr zu entreißen.

Ich habe in Ostafrika Kaffernbüffel und im Westen Afrikas die kleineren, aggressiven Waldbüffel gejagt. Wasserbüffel sind mir fremd, die Jagd im Outback ebenfalls, aber ich nahm an, die Jagd würde ähnlich ablaufen wie in Afrika: Büffel suchen, die Herde oder den einzelnen Bullen bei gutem Wind in großem Bogen umschlagen, dem Wild den Weg abschneiden und - warten. Meine einheimischen Begleiter konnten dieser Art der Büffeljagd aber wenig abgewinnen, fanden sie ziemlich uneffektiv. Für sie bedeuteten Büffel in erster Linie Fleisch, sonst nichts. Die Ureinwohner überlegen sich auch keine Strategie, wie man »jagen« könnte, nur das schnelle Ergebnis, das Fleisch zählt - Beute machen kommt vor Ethik. Nicht mehr Pfeil und Bogen oder Bumerang sind ihre Waffen, sondern zeitgemäße Mittel, Maschinen, Gewehre, technische Errungenschaften eben. Dabei handeln die Männer pragmatisch in einer archaischen Missachtung gegenüber der Fauna. Mein Vorschlag, auf bewährte afrikanische Art zu jagen, wurde hier geflissentlich überhört.

500, 600 Meter rechts von uns entdeckten wir Büffel auf einer Brandfläche. Vom Morast schwarz und glänzend, waren sie gerade aus der

Australische Landschaft mit einem der typischen Eukalyptusbäume.

Ein Gelbhaubenkakadu
im australischen Busch.

Stimmungsvoller Sonnenuntergang
im Outback.

Zusammen mit dem Emu ziert das Känguru das Wappen des fünften Kontinents.

»Magpie-lark«, der schwarz-weiße Stelzenmonarch – hier ein männliches Tier.

Meine Frau hat viele meiner Jagderlebnisse mit gekonntem Pinselstrich auf die Leinwand gebannt.

Suhle gekommen. Während ich in Gedanken einen Plan schmiedete, wie wir uns ihnen nähern könnten (der Wind wehte zu ihnen hin), steuerte Phil direkt auf die Wildrinder zu. Was ich befürchtete, traf prompt ein: Die Herde flüchtete, stampfte davon, war im Nu verschwunden. Nur beißender Gestank und eine Staubwolke, die der Wind schnell verweht hatte, zeugten von ihrer Anwesenheit.

Zwischen doppelmannshohen Felsen hindurch, über dicke Steine hinweg rumpelte der Wagen weiter durch sandige rote Flussbetten. Stundenlang ging es steile Böschungen hinauf und hinunter durch mir fremde, dichte Vegetation. Ab und an querten wir einen wasserführenden Bach. Die Ufer waren gesäumt von frischem Grün, Pelikane klafterten davon, wenige Meter weiter umfing uns wieder Trockenheit.

Es war Zeit für eine Rast. In dem Wipfel des hohen Baumes, in dessen Schatten wir lagerten, sang ein Vogel melodisch wie ein Pirol. Eukalyptusbäume spendeten ein wenig Schatten mit ihrem durchsichtigen, eher spärlichen Blätterdach. Ein Schwarm Vögel rauschte vorüber, kurze, starke Schwingen, lange Stöße erinnerten an Sittiche. Immer wieder wehte der Wind andere Gerüche zu uns her. Der melodische Gesang einer »Magpie-lark«, des schwarz-weißen Stelzenmonarchen, einer Elsterlerche, die in Australien weit verbreitet ist, klang zu uns herüber. Sofort ertönte die Antwort. Im Nu fühlten wir uns wie in einer riesigen Konzerthalle, umgeben von mehreren gefiederten Sängern. Geräusche, Düfte, Anblicke, die uns im Auto verborgen geblieben waren. Ein Bienenfresser ließ sich ungefähr 20 Meter entfernt von uns nieder, ein zweiter gesellte sich zu ihm. Nachdem die beiden uns intensiv beäugt hatten, schwirrten sie davon.

Der heiße Wind machte uns schläfrig. Ich schlenderte am Fluss entlang, und als acht, neun hühnerartige Vögel aufpurrten und über das trockene braune Gras davonglitten, fühlte ich mich an meine Rebhuhnjagden erinnert. Ich fand eine ungefähr einen halben Meter lange braune Schwungfeder und steckte sie mir an den Hut, ein fast sperbergroßer Kingfisher, ein betörend schöner australischer Eisvogel, sah mir dabei zu.

In etwa zwei Monaten würde die seit Jahrtausenden jedes Jahr wiederkehrende Regenzeit einsetzen, und dann würden die zundertrockenen Gebiete vom Wasser überflutet werden, sich riesige Seen und Sümpfe bilden. Prasselt der Regen nieder, verwandelt sich das stocktrockene Land innerhalb weniger Stunden in einen Blütenteppich, der unzählige Vogelschwärme zum Nektartanken anlockt. Neues Leben entsteht. Eine unfassbar vielfältige Flora und Fauna wird erwachen, wachsen, gedeihen, sich vermehren, um ein halbes Jahr später erneut in tiefe Ruhe zu fallen.

Mein erster Wasserbüffel

Als wir später an einem Schlammloch vorbeifahren, zieht ein einzelner Wasserbüffel, ein Bulle, fort. »Stop the car, let me get out and keep on driving«, flüstere ich meinen Begleitern zu. Auf meinen Vorschlag, mich aussteigen zu lassen, folgt kein Widerspruch. Das Auto hält, ich lasse mich vorsichtig hinausfallen, und es rollt langsam weiter. Der Bulle äugt misstrauisch dem Fahrzeug hinterher, und ich krieche unbemerkt zum nächsten Baum, aus dem ein schwarzer Vogel mit karminroten Stoßfedern abstreicht. Der Wind weht scharfe Büffelwitterung zu mir herüber.

Minutenlang verharre ich. Endlich dreht der Bulle ab, geduckt folge ich ihm. Zwei oder auch drei Kilometer zieht er vor mir her, aber der Abstand verringert sich nicht. Die trockenen Palmwedel am Boden erschweren lautloses Pirschen. Da verhofft er mit einem Mal. Ich gehe in die Knie und kann im Schutz des Grases näher kriechen, Meter für Meter arbeite ich mich über und durch scharfkantige, harte Eukalyptusblätter vorwärts. Hätte ich keine Handschuhe angezogen, würde ich eine Schweißfährte hinterlassen, die für mehrere Hundeprüfungen ausreichend gewesen wäre. Ich habe das Gefühl, die Entfernung zwischen Jäger und Gejagtem wird nicht kleiner. Als ich mich wieder einmal vorsichtig aufrichte, um nach dem Büffel zu spähen, merke ich, wie erschöpft ich bin. Der kilometerlange Marsch durch den Bambuswald hat mir meine ganze Kraft abverlangt, meine Aufmerksamkeit und meine Geschicklichkeit so sehr beansprucht, dass ich meine Erschöpfung gar nicht realisiert habe. Nun fühle ich, wie kaputt ich bin, wie unsicher ich auf den Beinen wanke. Ich höre mein Herz pochen, spüre meine Hände zittern. Ich habe einen Schleier vor meinen Augen, untrügliches Zeichen meiner Erschöpfung. Aber ich muss weiter, mich gleichsam im Sog der begonnenen Anstrengung vorwärtsbewegen. Ich kenne mich und meine Schwächen zur Genüge und weiß, dass ich den Büffel sonst nicht bekomme. Das durchgeschwitzte Hemd klebt wie ein Brett auf meinem Rücken. Ich spüre den Schweiß über die Wangen laufen, dünn und säuerlich, wenn ich mit der Zunge über die Lippen fahre. Aber ich muss, will weiter, das Ziel so nahe und doch so weit vor Augen, die Erschöpfung darf nicht die Oberhand gewinnen.

Der Wind steht gut für mich! Als ich auf knapp 30 Gänge heran bin, streichen Kakadus ab, der Bulle wendet sich mir zu, äugt starr in meine Richtung. Bis zum nächsten Baum, an dem ich die Waffe anstreichen kann, sind es nur wenige Meter zu kriechen. Als ich mich behutsam

hinter dem Stamm aufrichte, steht der Koloss immer noch spitz, sein gewaltiger Körper ist von Zweigen und Blättern verdeckt. Der erfahrene Recke verhofft in der einzigen kleinen Gestrüppinsel weit und breit! Das Korn der Büchse zeigt auf seine breite Stirn. Deutlich erkenne ich die dunklen Lichter und den glänzenden Windfang, warte, dass sich der mächtige Kopf zur Seite dreht. Es mögen vielleicht zwei lange Minuten sein, die wir beide uns anstarren, als wollten wir unsere Gedanken lesen, vielleicht ist es auch nur ein Bruchteil davon. Kein von Menschen verursachtes Geräusch stört diesen Frieden. Der Bulle ist mit rotem Staub bedeckt, hat sich gerade gewälzt. Er wirkt gegen die roten Eukalyptusstämme gemeißelt wie ein Denkmal seiner selbst. Endlich kommt Bewegung in seinen Körper. Er schüttelt sein majestätisches Haupt, senkt es, als wolle er sein Gegenüber aus einem anderen Blickwinkel begutachten, während bereits der Schuss bricht. Der gewaltige Wildkörper strauchelt und ist zeitgleich wie von Geisterhand verschwunden. Der Bewuchs ist dichter, als es den Anschein hatte. Ich warte bewegungslos zusammengekauert hinter dem dicken Eukalyptusstamm, starre in die Richtung, in der eben noch der mächtige Wasserbüffel stand, und erhebe mich erst, als meine Erregung langsam abklingt. Aufregende Jagd auf meinen ersten Wasserbüffel!
Am letzten Tag unserer Jagd heißt es: »Come on, we show you the australian way of buffalo hunting!«, was so viel bedeutet wie: »Komm, wir zeigen dir, wie man bei uns in Australien Büffel schießt!«
Als wir an einem ausgetretenen Flussbett entlangfuhren, entdeckten vier Augenpaare zwei davonflüchtende verwilderte Rinder. Conway beschleunigte den Wagen, raste die steile Böschung so schwungvoll hinauf, dass wir energisch in die Rückenlehnen gedrückt wurden, donnerte hinter den beiden flüchtenden Tieren her, überholte sie in großem Bogen - der Wagen schien mehr zu springen, als zu rollen, wir wurden hin- und hergeworfen - und schnitt dem Vieh den Weg ab. Dann stoppte er abrupt. Phil schoss aus dem Autofenster auf das Kalb. Das ruckte zusammen, raste weiter, der Wagen folgte, ein zweiter, schließlich ein dritter Schuss, dann hielten wir vor einem tiefen Graben. Phil sprang aus dem Auto, legte auf der Kühlerhaube auf, schoss noch zweimal, nachdem er bereits im Auto nachgeladen hatte, und das Kalb ging zu Boden. »Very good meat«, freuten sich meine Jagdkumpane. In Minutenschnelle wurde das Stück mit der Axt in zwei Teile zerhackt und im Auto verstaut.
Nach einer Stunde erblickten wir Wasserbüffel. Als wir darauf zusteuerten, flüchteten sie in einer hoch aufwirbelnden, dichten roten Staubwolke, doch gegen moderne Technik, einen 200 PS starken, allradangetrie-

Der »Lachende Hans«, der Kookaburra, zählt zu den Eisvögeln.

Dingos mit ihrem typischen roten bis sandfarbenen Fell sind die »wilden Hunde« Australiens.

Zum Lebensraum der Wasserbüffel zählen auch die Sumpfwälder und dicht bewachsenen Flusstäler.

benen Dieselmotor, hatten sie nicht die geringste Chance. Den Windfang nach vorn gerichtet, lagen ihre gewaltigen Hörner nahezu auf ihrem Rücken und behinderten sie kaum auf dem von ihnen zwischen den dicht stehenden Eukalyptusbäumen eingeschlagenen Fluchtweg.
Die Kolosse wirkten plump, behäbig, steif, schwerfällig und ungelenk, aber sie waren sehr schnell. Unser Chauffeur verstand es perfekt, sein Fahrzeug geschickt über den unwegsamen Untergrund und durch den harten Bewuchs zu steuern. Die Tachonadel zeigt über 70 Stundenkilometer, als wir an der Herde vorbeidonnerten. Die Autofenster waren verschlossen. Obwohl die Klimaanlage auf vollen Touren lief, blieb es glühend heiß im Auto. Der Fahrerraum war erfüllt vom süßlichen Geruch der Fleischmassen. Dann fielen mehrere Schüsse schnell hintereinander, es mussten acht gewesen sein, denn die Magazine der beiden Büchsen waren anschließend leer. Ein Büffel lag, wie viele angeschossen worden waren, interessierte niemanden.
Auf etwa zehn Meter sah ich auf dem Hals eines jungen Bullen, dort, wo die Kugel eingeschlagen war, eine kleine Staubwolke. Er zeigte keine sichtbare Reaktion. In rasendem Tempo wurde nachgeladen. Wieder fielen Schüsse. Mit adäquatem Kaliber wären die Treffer sicher tödlich gewesen, aber der Bulle flüchtete weiter, das Auto hinterher, bis dichtes Gebüsch den Wagen abbremste. Ich wollte abspringen, dem schwer kranken Stück folgen, aber Phil winkte ab, überließ den Bullen seinem qualvollen Schicksal. Auf mein Bitten nach einer Nachsuche erntete ich Unverständnis. Sich wegen eines Büffels sonderlich anzustrengen, aus dem Auto zu steigen, vielleicht sogar die Strapazen eines Fußmarsches auf sich zu nehmen, das konnte Phil nicht verstehen. Als ob es selbstverständlich wäre, ein Tier anzuschießen, zu verwunden und qualvoll verenden zu lassen, rollte der Wagen erbarmungslos weiter.
Die Aborigines waren froh, dass es einen lästigen Nahrungskonkurrenten weniger gab, auch wenn er noch lange nicht verendet war. »Chase them, bump them, kill them, eat them«, werde ich aufgeklärt, was auf gut Deutsch bedeutet: »Jage sie, fahre sie an, töte sie, esse sie« - nichts für konservative deutsche Waidmänner. Wegen eines Büffels körperliche Anstrengung in Kauf zu nehmen überstieg das Vorstellungsvermögen unserer Aborigines.
Ein wunderschönes, ein riesiges, ein wildes Land, ein völlig anderer Kontinent als Europa, eine andere Welt - und andere, freie, unbeschwerte Jäger. Fröhlich durcheinanderplappernd - mich ausgenommen -, fuhren wir weiter. Nachdenklich und mit schlechtem Gewissen beladen, saß ich

schweigsam auf der Rückbank, unzufrieden, mit mir und dem Schicksal hadernd.

»Bisons in Nordamerika wurden von den Indianern auch gehetzt, zwar vom Pferd aus, nicht mit Autos …«, sinnierte ich über das mir äußerst respektlos erscheinende Verhalten und Verhältnis der Eingeborenen gegenüber ihrer heimischen Fauna und Flora. Sie nehmen sich in einer rücksichtslosen Art und Weise ihren Anteil von dem gewaltigen Überfluss der Natur, und diesen Raubbau verkraftet das riesige Land mit seinen fantastischen Ressourcen noch immer fast problemlos. Doch jene Frage ist berechtigt: wie lange noch?

Nach knapp zwei Stunden geruhsamer Fahrt stießen wir wieder auf Wasserbüffel. Eine breite, knapp fünf Meter hohe Staubwolke verriet sie. Die Tiere hatten uns wahrgenommen, bevor wir sie erblickten, und rasten, preschten, donnerten in einer Stampede davon. Der Motor heulte auf. Ohne Rücksicht auf den Wind rasten wir ihnen hinterher. Termitenhügel stürzten ein, armdicke Bäume wurden einfach umgefahren, kurze Vollbremsung, dann wieder Vollgas. Wir fuhren auf die Höhe der Herde, überholten sie, drei Schüsse fielen, Phil am Steuer machte einen Schlenker nach links, und der Wagen bremste so plötzlich, dass wir von den Sitzen nach vorn geschleudert wurden. Türen flogen auf. Links und rechts rasten Büffel vorbei. Wieder knallte es sechs, sieben Mal. Sekunden später war der Spuk vorüber, nur dichter Staub zeugte davon, was sich hier abgespielt hatte. Ein Bulle lag röchelnd im Staub, eine kranke Büffelkuh quälte sich hinter der Herde her. Gelangweilt setzte sich Phil auf mein Bitten ins Auto, fuhr ihr nach und schoss ihr aus dem Wagen hinter den Lauscher. Die Kuh brach zusammen, der Wagen wendete, und unter vergnügtem Geschnatter meiner Begleiter brachen wir auf zu neuen Taten, während ich mir ausmalte, wie viele Büffel dieses Mal verwundet worden waren und über wie viele von ihnen sich noch in dieser Nacht Dingos, Schweine, später Raub- und Rabenvögel und letztendlich Fliegen und Maden hermachen würden. Sie alle müssen leben, und sie alle werden benötigt, damit der Kreislauf der Natur bestehen bleibt. Wie fremd ist Jägern aus der eher urbanen Zivilisation dieser urnatürliche Lauf: Gebären und Geborenwerden, Töten und Getötetwerden, Fressen und Gefressenwerden, Entstehen und Vergehen.

Die Nahrungskette des Lebens ist unerbittlich: Pflanzen sind Nahrung für die Pflanzenfresser, und diese wiederum bieten die Lebensgrundlage für die Fleischfresser. Der Überlegene lebt vom Unterlegenen. Mögen Vegetarier ein Glied in der Kette auslassen, das grundlegende Prinzip bleibt dennoch immer gültig.

Kaum zehn Minuten waren vergangen, da rumpelte der Wagen auch schon weiter, als wäre weit und breit nicht ein einziger Tropfen Blut geflossen.
Mit dem zerlegten Rind im Auto ging es dann nach Hause. Alles andere Fleisch sollte zu einem späteren Zeitpunkt eingesammelt werden, hieß es lapidar.

Neue Welten, alte Sitten

Die meisten in Australien eingebürgerten Tiere bereiten auf ihre Weise Probleme: Kamele, Schweine, Büffel, sogar Kröten. Viele von ihnen sind giftig. Aus Südamerika eingeführt, um den Zuckerrohrkäfer zu bekämpfen, wurden einige von ihnen zur Plage, haben Tierarten, die Nahrungsgrundlage für größere Arten waren, vernichtet. Eines der zahllosen Beispiele, wenn der Mensch, in seiner Überheblichkeit versucht, der Natur seinen Willen aufzuzwingen, und »Exoten« einbürgert. Auch der Asiatische Wasserbüffel gehört zu dieser Spezies. Er wurde um 1825 als Arbeitstier nach Australien »importiert«, und die Nachkommen dieser aus Indonesien eingeführten Flug- und Zugtiere richten zum Teil große Flurschäden an.
Alle wilden Tiere haben auf dem fünften Kontinent ein gemeinsames Los: Ihnen wird rigoros nachgestellt. Bei uns sind Tiere durch das Tierschutzgesetz von der »Sache« zum »Mitgeschöpf« geworden, für den Rest der Welt unverständlich. Im Haushalt der Natur ist es das Schicksal eines jeden Geschöpfes, getötet und gefressen zu werden. Selbst der Mensch macht da keine Ausnahme, wird Opfer von kleinsten Lebewesen, wie etwa Bakterien, oder Viren. Der Kreislauf der Natur ist perfekt und nicht veränderbar. Den Luxus, den wir uns mit unseren »Mitgeschöpfen« leisten, können andere Kulturen, andere Religionen nicht nachvollziehen.
Wie oft sehnte ich mich in Deutschland nach ursprünglichem Jagen, bei dem Fleisch als Lebensgrundlage und nicht die Trophäe Vorrang hat, wie oft habe ich Kultur, Zivilisation und einen übertriebenen Stil, der teilweise bis zur Modenschau ausartet, bei der Jagd verdammt. Beim Büffelschießen in Australien habe ich sie herbeigewünscht, habe wieder erfahren, dass Jagd eine Kunst ist, die gepflegt und kultiviert werden will, um mir Freude zu bereiten. Ohne ethische Grundsätze ist Jagen wenig reizvoll.
Manche europäischen Jäger glauben, sie verstünden es zu jagen, haben sich in der Realität jedoch von der Natur immer weiter entfernt, haben eine Notwendigkeit kultiviert und verurteilen Jagdmethoden, die nicht ihrer Maxime entsprechen, oder aber lächeln mitleidig darüber. Sie ken-

nen die Natur kaum noch, sind nicht mehr eins mit ihr, nehmen in sportlicher Selbstüberschätzung lieber einen Fehlschuss oder das Anbleien von Wild in Kauf, als einen Hasen in der Sasse oder einen laufenden Fasan zu schießen, und verbrämen das Ganze mit dem Begriff »Waidgerechtigkeit«. Andere glauben, man könnte der Natur ins Handwerk pfuschen und erfolgreich Wildbewirtschaftung auf 200 Hektar bewerkstelligen. Wer in der ursprünglichen Weite einer von Menschen kaum berührten Natur dem Wild nachstellt, weiß, wie überheblich dieser Gedanke und diese Art zu jagen dem Grunde nach sind.

Meine anschließenden Bemühungen, Interessenten für die Jagd in Australien zu finden, waren erfolglos. Vielen Jägern war die Reise zu lang, die Vorbereitungen dafür zu aufwendig, die Frage, ob es nicht auch in der Nähe Deutschlands Wasserbüffel gebe, erstaunte mich. Zwei Vermittlungen scheiterten, nachdem ich den »passionierten Waidmännern« eröffnet hatte, dass in dem Jagdgebiet kein Alkohol getrunken werden dürfte.

Mit den einzigen beiden Kunden, die ich begeistern konnte und die nach einer Woche auch jeweils mit einem Büffel zurückkehrten, musste ich einen für mich teuren Vergleich schließen. »Die Unterkunft war zu primitiv, entsprach nicht dem Standard einer normalen Jagdreise«, hieß es. Dabei gab es frisches Wasser und ein intaktes Stromaggregat, für australische Verhältnisse wahrer Luxus.

Unsere Vorstellungen von Jagd, von Waidgerechtigkeit, Hege, Trophäenwettbewerb, Wildbewirtschaftung mögen den Pachtpreis eines deutschen Jagdreviers in die Höhe treiben. In der Wildnis, in der Menschen noch in archaischen Traditionen verhaftet sind, auch wenn sie sich moderner Hilfsmittel bedienen, stoßen wir mit unserer Ethik, unseren geschriebenen und ungeschriebenen Gesetzen des Jagdrechts und der Waidgerechtigkeit auf Unverständnis.

Der Mensch soll sich die Erde untertan machen, aber darf er sie deshalb zerstören?

»Ein wenig besser würd' er leben,
hättest du ihm nicht den Schein des Himmelslichts
gegeben; er nennt's Vernunft und braucht's
allein, nur tierischer als jedes Tier zu sein.«

Faust 1 - Prolog, Vers 283-286 (Mephisto)

JAGEN IM INDIAN SUMMER

*Der Zug der Rentiere, der Nomaden des Nordens,
schlug mich in seinen Bann.
Ich verlebte dort, im Norden Kanadas, unvergessliche Tage
ohne Zwänge, ohne Diktat von Uhrzeiten und Termindruck.*

Der Zug der Rentiere

Schon als Kind begeisterte ich mich für Filme über Wanderungen von riesigen Antilopenherden der afrikanischen Steppe. Und später, nach zahlreichen Safaris in Afrika, war ich immer noch beeindruckt von dem Wildreichtum im Selous oder in der Serengeti.

Im Norden Kanadas durfte ich einem ebenbürtigen Ereignis beiwohnen, dem Zug der Rentiere, in Nordamerika Karibus genannt, ein Wort aus der Sprache des indigenen Volkes der Mi'kmaq. Ich war entschlossen, dieses gewaltige Naturschauspiel für mich in klingende Münze umzusetzen und mit zahlenden Jagdgästen nach Québec zu fahren. Vorher allerdings wollte ich mir das Jagdgebiet anschauen.

Es begann in Schefferville, einstmals blühende Industriestadt, von der hochwertiges Eisenerz in alle Welt verschifft wurde, heute ein unbedeutender Fleck im nördlichsten Teil der kanadischen Provinz Québec, Ausgangspunkt für Jagden an der Hudson Bay und in der Ungawa-Wildnis, einer riesigen subarktischen Tundra-Landschaft, in der neben wenigen Indianern und Eskimos Schwarzbär, Timberwolf, Fuchs, Otter, Biber, Schneehuhn, Kanadagans und Rentier zu Hause sind.

Auch für meinen Partner Michel van Havre und mich war Schefferville die erste Station vor einem mehrwöchigen Wildnisaufenthalt am George River.

Die Menschen am Flughafen erinnerten an die Zeit, die Jack London beschreibt. Unsere Kleidung und glatt rasierten Gesichter passten so gar nicht in das abenteuerlich anmutende Bild - noch nicht!

In einem Lieferwagen rollten wir auf staubiger Schotterstraße wenige Kilometer bis zum George River. Hier, wo ständig Wasserflugzeuge starteten und landeten, empfing uns noch einmal geschäftiges Treiben. Fässer mit Treibstoff, riesige Kisten und Kartons, Säcke und Bündel mit Proviant wurden in den Maschinen verstaut. Wir selbst machten es uns, so gut es ging, zwischen einem Durcheinander von Kästen und Kanistern in dem großen Laderaum des Wasserflugzeugs bequem.

Ich hatte ausreichend Muße, den Piloten zu mustern. Er war ein bekannter »Guide«. Die Jagd im eisigen Norden, besser der Frost, hatte braune Flecken in seine vom Wetter gegerbte Haut gebrannt. »Caribou kisses«, strahlte er, als er meine interessierten Blicke registrierte.
Der Motor heulte auf, Wasser spritzte hoch, gischtete in alle Richtungen, schon hoben wir ab und flogen Richtung Nordosten. Ruhig glitten wir über die endlos erscheinende, steinige, spärlich mit dunklen Fichten bewachsene Tundra dahin. Nackte Felsen leuchteten in der kargen Landschaft. Die weiten Flächen wurden durch Seen, glänzend wie Edelsteine, und breite, träge dahinfließende Flüsse durchschnitten. In der Ferne aufragende Berge zeugten vor dem glasklaren blauen Himmel von majestätischer Macht.
Ich beobachtete den Schatten, den unsere kleine Maschine auf die gewaltigen Steinformationen und die weiten, mit Beer- und Heidekraut dicht bewachsenen Flächen warf, kleiner als ein Staubkörnchen.
Ruhig glitt die Maschine dahin, ein zivilisierter Linienflug, ausgestattet mit moderner Navigationstechnik und anderen Annehmlichkeiten. Die Turbinen waren kaum hörbar.
Ich erinnerte mich an Flüge in der russischen Taiga mit einem riesigen Transporthubschrauber, der gefühlsmäßig seit mehreren Jahren nicht gewartet worden war. Ich saß damals in dem großen Frachtraum, das Cockpit war nicht abgetrennt, konnte die schöne Aussicht genießen, aber auch den russischen Piloten und die wackeligen, teils angerosteten Armaturen beobachten. Zweimal mussten wir auf unserem Flug nach Osten in der Wildnis landen und in einem einsamen Dorf nach dem Weg fragen, weil die Radartechnik nicht funktionierte.
Nach knapp zwei Stunden und 250 Kilometern schäumte, rauschte das Wasser erneut auf. Wir landeten auf dem George River. Es ist stürmisch, die Maschine konnte nicht mit eigener Kraft ans Ufer. Männer in Watanzügen kämpften sich uns in dem rauen Wasser entgegen und schleppten das Flugzeug zum Land.
Noch am selben Tag zogen wir los, Michel, unser Führer Pierre und ich. Über kurzes, trockenes Moos, gewaltige, mit Flechten übersäte Felsen, vorbei an verkrüppelten Bäumen, die in dieser kargen Landschaft um ihr Dasein ringen müssen, pirschten wir an einem Nebenfluss des George River entlang, der, idyllisch wie in einem österreichischen Heimatfilm, in rauschenden Kaskaden von den Bergen herabstürzt.
Das Laufen war nicht sonderlich anstrengend, zumal wir in Abständen von einer Stunde stets auf einer Kuppe haltmachten, um die weite Einsamkeit bis zum Horizont mit dem Glas abzusuchen. Silbrig schim-

Die Kanadagans
gilt als die weltweit am häufigsten
vorkommende Gans.

Verglichen mit der Körpergröße tragen
Karibus die schwersten Geweihe aller
Hirscharten.

mernde, ausgeblichene, vom Wind verdorrte Baumstämme und mit hellgrünen Flechten überzogene Felsen täuschten immer wieder Wild vor.
»Karibus, die Nomaden des Nordens, sind unberechenbar. Du läufst eine ganze Woche durch die Natur, siehst kein einziges Stück, dann ziehen auf einmal Tausende an dir vorbei. Es hängt einfach vom Wetter ab«, meinte Michel.
Der Himmel begann sich zu beziehen, die fernen Berge verschwanden im Dunst. Bevor die Dämmerung hereinbrach, machten wir uns auf den Heimweg. Fährten hatten wir reichlich gefunden, mehrere Meter breite ausgetretene Wechsel, auch frische Losung. Es mussten erst kürzlich kopfstarke Rudel durchgezogen sein.
Am kommenden Tag galt es, die im Dunst kaum sichtbaren, ungefähr zehn Kilometer entfernten Berge zu bejagen. Ein Kanu sollte uns bei der Bewältigung der langen Wegstrecke behilflich sein.
Die Berge erschienen durch die klare Luft viel näher gerückt. Ein kanadischer Herbstmorgen wie aus dem Bilderbuch - Indian Summer! Während des Frühstücks, frisch gefangene Lachse und Forellen, berichteten Angler, die mit uns im Jagd-Camp wohnten, von einem starken Karibu, das sie am vorherigen Abend während des Fischens beobachtet hatten. Das Hoffnungsbarometer stieg. Wir ließen uns die Stelle, an der die Angler das Karibu gesichtet hatten, genau beschreiben, und los ging es.

Das Kanu durchpflügt das glasklare Wasser. Durch rauschende Stromschnellen, gefährlich nahe an gewaltigen Felsen vorbei, schießen wir, durch den Außenborder angetrieben, in brausender Fahrt stromauf, dass die Bugwellen hoch aufspritzen. Immer wieder muss der kleine Außenbordmotor gedrosselt werden, und langsam, vorsichtig die Wasserfläche nach Hindernissen absuchend, lenkt Pierre das Boot geschickt durch die tückischen Klippen.

»Karibu, Karibu!«, zischt unser Führer mit einem Mal, winkt aufgeregt und versucht, das Boot ans Ufer zu manövrieren.

Weder Michel noch ich haben Wild ausgemacht. Eilig ergreifen wir nach der Landung unsere Gewehre, und im Dauerlauf geht es durch verfilztes Weidengestrüpp, ohne Rücksicht auf Geräusche, stetig bergauf. Nach zehn Minuten stehen wir schwer atmend auf einem steinigen Hügel und beginnen an Pierres Worten zu zweifeln, da wir trotz angestrengten Ableuchtens der Umgebung kein Wild entdecken. Pierre aber ist zuversichtlich. Er will das dicht bewachsene Tal zu unseren Füßen durchdrücken, ich den Nebenfluss überqueren und auf dem Nachbarberg warten, während Michel an Ort und Stelle bleibt.

Spielball der Wellen Ich stürme den steilen Hang hinunter und versuche, von Fels zu Fels springend, den breiten Wasserlauf, dessen Strömung weitaus stärker als vermutet ist, zu queren. Die Steine sind glitschig. Ich muss höllisch aufpassen, wenn ich von einem glatten Felsstück auf das andere springe. Trotzdem rutsche ich aus, verschwinde bis zur Hüfte im eisigen Wasser, komme ins Straucheln, kann mich aber, Gewehr und Gesicht, stolpernd, schwimmend, mühsam nach Atem ringend, über Wasser halten, während mich die starke Strömung ins tiefe Wasser stromab reißt. Da fällt ein Schuss. Keuchend, die Büchse hoch über den Kopf balancierend, arbeite ich mich ans Ufer.

Ohne auch nur eine trockene Faser am Leib kehre ich zu unserem Ausgangspunkt zurück und kann Michel zu einem jungen, noch nicht gefegten Rentierhirsch und einem guten Schuss gratulieren. Pierre hat das Stück tatsächlich aus dem Dickicht gedrückt.

In Europa einen Basthirsch zu schießen käme fast einem Verbrechen gleich. Im kanadischen Québec kann man aus den riesigen Rentierherden legal nur Basthirsche schießen, weil aus gutem Grund die Schusszeit auf den Beginn der großen Wanderungen gelegt ist. Wir sollten andere Kulturen, Menschen oder Jagdgepflogenheiten nicht vorschnell verurteilen. Noch zu Zeiten Kaiser Franz Josefs war es in Österreich üblich, Kolbenhirsche zu erlegen. Kann mir jemand erklären, warum das verwerflich sein soll?

An einem Feuer ruhten wir uns aus, trockneten unsere Klamotten und stärkten uns mit Konservenbohnen und geröstetem Rentierherz. Während wir dann unsere Beute aus der Decke schlugen, zogen auf über 500 Meter mehrere Karibus einen Hang hinauf. Michel schaute ihnen auffällig lange grübelnd hinterher.

Das Zerwirken war bald geschafft. Schwärme von Fliegen machten uns dabei arg zu schaffen, krochen in Augen und Ohren, Ärmel und Hosenbeine, und wir vermieden es zu sprechen, um sie nicht auch noch schmecken zu müssen.

Das Wildbret wurde auf drei Rücken verteilt, und wir wanderten über weite Hochebenen, die uns an die Landschaft Schottlands erinnerten, Richtung Kanu. Zwischendurch verschnauften wir, leuchteten die Gegend ab, rauchten eine Pfeife und näherten uns so gemächlich dem Boot. Tief unter uns glitzerte der friedlich anmutende Fluss. Ein Karibu rann quer hinüber. Rücken und Wedel lagen über der Wasseroberfläche. Die

Bei den Wanderungen der großen Karibuherden herrscht eine komplexe Gruppendynamik.

starke Strömung schien dem Wild nichts auszumachen. In der Nähe des Flusses wurde es sumpfig. Kniehohe Schachtelhalmgewächse ließen den bisher einfachen Marsch beschwerlich werden.
Endlich hatten wir das Kanu erreicht. Zwei Stunden später saßen wir im Camp und ließen uns die frische Leber des Hirsches schmecken. Auch Sahnegulasch aus Karibufleisch ist eine Delikatesse, und wenn man in Amerika Wild zu spicken wüsste, wäre Rentier wohl von keinem anderen lukullischen Mahl zu überbieten.
Wir fühlten uns am nächsten Morgen, als ob wir Bäume ausreißen könnten. Ein wunderbarer Jagdtag lag wieder vor uns: »Ich führe euch zu den kapitalsten Karibus, die ihr je gesehen habt«, hatte uns Pierre am Vorabend bei reichlich Whisky versichert. Und so stiegen wir an diesem strahlenden, windstillen Morgen erwartungsvoll in das Aluminium-Kanu. Ein kurzer Druck auf den Anlasser, schon blubberte der Außenborder mit sonorem, vertrauenerweckendem Ton los.

Auf Leben und Tod

Der Fluss, dem wir uns anvertrauen, ist vielleicht 50 Meter breit, nicht sonderlich tief, überall ragen Felsbrocken aus dem Wasser. Michel und ich sitzen auf dem flachen Kanuboden, die Büchsen zwischen unseren Knien. Hinten kniet Pierre, der mit dem Außenborder flussaufwärts steuert. Er kennt die schmalen Durchlässe, umschifft mit traumwandlerischer Sicherheit geschickt Untiefen und Felsen. Eine Stunde, so versichert er, dann wären wir am Ziel. Eine halbe Stunde Fußmarsch noch durch den Busch, dann würden wir auf einer Anhöhe auf die Karibus warten können.
Das laute Geräusch des Motors lässt keine vernünftige Unterhaltung zu, wir träumen und beobachten daher schweigend die bewaldeten Ufer, freuen uns an den in flammende Gelb- und Rottöne getauchten Ahornen und Birken.
Plötzlich reißt der Motorlärm ab. Unser Skipper steuert auf das Ufer zu, wo er eine flache Stelle zum Anlegen kennt. Kies und Geröll knirschen unter dem Bug, Pierre ergreift ein Seil, hat in der anderen Hand sein Gewehr und macht einen gewaltigen Satz bis fast zum Ufer. Er landet aber auf einer bemoosten, glitschigen Steinplatte, gleitet herunter, und sein Fuß gerät in eine Felsspalte. Bevor wir realisieren, dass er sich bei dem Sprung schmerzhaft verletzt hat, schreit unser Führer laut auf. Sein Gewehr fliegt in hohem Bogen auf Nimmerwiedersehen ins Wasser.
Wir wollen helfen, zu ihm springen, aber die Strudel des reißenden Flusses haben bereits das Boot gepackt und reißen es mit sich. Obwohl

es sehr stark schwankt und jeden Augenblick zu kentern droht, kann ich mich schließlich zum Heck arbeiten, aber alle Versuche, den Motor zu starten, misslingen.

Das Boot zittert, schaukelt, bebt, wirbelt herum, sodass wir rückwärtstreiben, im wahrsten Sinne des Wortes Spielball des Wassers, auf dem wir rauf- und runterschaukeln, hin- und herschwanken wie eine Nussschale.

Wir paddeln mit zwei kleinen Notpaddeln wie die Wahnsinnigen und schöpfen abwechselnd Wasser.

Dann wird die Fahrt immer schneller, das Boot prallt seitwärts an einen Felsen, ändert ohne unser Zutun den Kurs und donnert schließlich knirschend und krachend auf eine Sandbank.

Seit dem Unfall war mehr als eine Viertelstunde vergangen - von Pierre ist längst nichts mehr zu sehen und zu hören. Die Strömung hatte uns mehrere Kilometer mitgerissen.

Verzweifelt versuchen wir noch einmal, den Motor, der am Morgen so klaglos angesprungen war, flottzubekommen. Vergebens. Murphys Gesetz, »Anything that can go wrong will go wrong«, hat sich bewahrheitet. In aller Eile krabbeln wir die steile Böschung hinauf und rennen flussaufwärts. Wir sind weit abgetrieben worden, und es dauert mehr als eine Stunde, ehe wir Pierre finden. Er hatte seinen Fuß unter größten Schmerzen aus der Spalte gezogen und sitzt, an einen Ahornstamm gelehnt, am Ufer.

Vergessen sind die Karibus. Es gilt, Pierre mehr oder weniger unbeschadet ins Camp zu bringen. Wir gehen rechts und links von ihm, um ihn so zu stützen, dass er seinen bis fast zur Unkenntlichkeit angeschwollenen Fuß nicht aufsetzen muss. Doch unsere auf diesem Terrain schwankenden Schritte erschüttern immer wieder und wieder seinen Körper, und sosehr er sich auch zusammenreißt, er wimmert vor Schmerzen.

Manchmal ist der Busch so dicht, dass nur einer von uns den Verletzten stützen kann, wir kommen im wahrsten Sinne des Wortes nur schleppend voran.

Endlich ist die erste Etappe geschafft - wir sind wieder beim Boot. Und hier geschieht ein Wunder: Der verletzte Pierre drückt auf den Anlasser, und sofort blubbert der Motor los. Mit dem Strom fahrend, sind wir in einer knappen halben Stunde zurück an unserer Blockhütte.

Exkurs nach Afrika

Das erste Mal auf diesem Trip in den hohen Norden wanderten meine Gedanken nach Afrika. Damals ging es mir ähnlich wie Pierre:

Mit meinem Freund Joschka Magyar sowie zwei Jagdgästen verfolgten wir in Tansania im hohen Gras eine Herde Büffel. Plötzlich fühlte ich einen Stich in der Wade. Anfangs maß ich dem keine Bedeutung zu, doch dann fing mein Unterschenkel wahnsinnig an zu schmerzen, schwoll an und färbte sich rot. Nach einer Stunde verspürte ich Sehstörungen, hatte Schatten vor den Augen, riss mich aber zusammen. Längst gingen zwei unserer afrikanischen Jagdhelfer neben mir und stützten mich, so wie Michel und ich es gerade mit Pierre getan hatten. Doch dann ging es nicht mehr weiter, mir wurde schlecht. Ich kippte einfach um. Joschka brach die Safari ab, fuhr ins Camp, wo er mir, zwischenzeitlich war ein halber Tag vergangen, eine Spritze Penicillin verabreichte. Der Erfolg: Ich bekam Schüttelfrost, trotz glühender Hitze, und fror erbärmlich. In kurzer Zeit hatte ich 40 Grad Fieber. Die Nacht war ein einziger Albtraum. Am Morgen war mir hundeelend. Immer wieder wurde mir schwarz vor Augen. Joschka flößte mir allerlei Pillen ein, doch sie wirkten nicht. Die Schmerzen wurden noch schlimmer. Ich verfluchte mich, dass ich wieder nach Afrika gekommen war, und schwor, sollte ich aus dieser Hölle lebend herauskommen, nie wieder auf Safari zu gehen, nie wieder nach Afrika zu reisen. Wenn ich zwischen Fieberschüben kurze klare Momente hatte, merkte ich, dass Joschka mir feuchte Umschläge um Beine und Stirn legte, unsere afrikanischen Begleiter saßen mit sorgenvollen Gesichtern schweigend um mich herum. Schließlich kam Kaiphas und wickelte große grüne Blätter um mein Knie. Dabei murmelte er ununterbrochen mir unverständliche Worte, wiederholte sie in monotonem Rhythmus, und ich schlief wieder ein.
Kaiphas war eine Art Vorarbeiter im Camp und auf Safari, und er war ein echter Alleskönner. Wahrscheinlich verdanke ich ihm mein Leben.
Als ich erwachte, war ich jedenfalls fast schmerzfrei. Mein Bein war abgeschwollen. Joschka und nahezu die gesamte Mannschaft hockten um mich herum. »Wir können wieder los, die zwei Stunden Schlaf haben mir gutgetan, ich bin wieder fit«, freute ich mich. Darauf Joschka: »Zwei Stunden? Zwei Tage hast du durchgeschlafen!« Wir wissen bis heute nicht, was mich damals in die Wade gestochen hat, nur eines weiß ich ganz sicher, was mir geholfen, mich gerettet hat, konnte kein Placebo gewesen sein. Kaiphas jedoch hat das Geheimnis nie gelüftet.
Wir legten noch einen Ruhetag ein und setzten dann unsere Safari fort. »Alles ist wieder gut«, freute sich Joschka, »hast du gehört, wie die Hyänen gekichert und bereits Geschmacksfäden gezogen haben?« Ich hatte die Geräusche nur im Unterbewusstsein wahrgenommen, wurde dadurch aber an eine andere Begegnung mit Hyänen erinnert.

Wir hatten damals ein Feuer gemacht, zwei Perlhühner an dünnen Holzspießchen geröstet und nagten an den Knochen, die wir anschließend in hohem Bogen hinter uns warfen. Danach rollten wir uns in die Decken und schliefen ein. In der Nacht wurde ich durch eine kalte Berührung im Gesicht geweckt. Aasgeruch schlug mir entgegen, eine stumpfe Schnauze schnüffelte an mir herum. Ich sprang auf und wollte nach der Büchse greifen, da sah ich im matten Mondlicht, dass es eine Hyäne war, die mit hoppelnden Sprüngen das Weite suchte.

Und Joschka berichtete von einem zehnjährigen Jungen, der abends seine Ziegenherde zum Stall getrieben hatte und von einer Hyäne angefallen worden war. Gesicht und Brust des Kindes waren zerfetzt, ein Auge war ausgelaufen, der schmächtige Körper zeigte überall Spuren der stumpfen Reißzähne. Die Hyäne hatte hinter einem Busch gelauert, hatte mit einem Sprung den Jungen gepackt und davongeschleppt. Er hatte sich gewehrt und um Hilfe gerufen. Die Mutter hörte die Schreie, folgte ihnen und versuchte mit Steinwürfen, dem Tier die Beute abzujagen. Als sich endlich die starken Kiefer lösten, wollte die Frau ihr Kind greifen, aber die Hyäne packte sie am Schenkel, riss Fleischfetzen aus der Wade und zerbiss ein Kniegelenk. Da kamen Dorfbewohner mit Knüppeln und Hacken bewaffnet zu Hilfe und trieben das Raubtier in die Flucht. Noch in der Nacht trugen sie die schwer verletzte Frau und das bewusstlose Kind über 20 Kilometer weit in ein Krankenhaus. Die Mutter starb an einer Blutvergiftung, das Kind war noch einmal mit dem Leben davongekommen.

Joschka erzählte aber auch von einer Begegnung, die ihm Hyänen bis zu einem gewissen Grad sympathisch machten. Er hatte ein Warzenschwein beschossen, das danach in das Gebüsch flüchtete, aus dem es gekommen war. Mein Freund ließ sich Zeit, bis er mit einem Jagdhelfer die Nachsuche begann. Am Anschuss fand sich viel Schweiß, doch im Labyrinth der dichten Büsche kamen sie von der Wundfährte ab. Es wurde Nacht. Da hörten sie 20 oder 30 Meter vor sich eine Hyäne kichern. Joschka und sein Begleiter brachen durch das bürstendichte Gestrüpp, mussten Umwege machen, kamen der kichernden Hyäne aber immer näher. Plötzlich stolperte sie aus einem der Büsche heraus und hoppelte böse knurrend davon. Sie hatte die verendete Sau längst gefunden und die Männer zu ihr geführt.

Im Reich der Karibus

Doch zurück nach Kanada. Regentropfen, die aufs Dach des Blockhauses trommelten und gegen die Fensterscheiben prasselten, dazu das eintönige Brummen des Generators und das monotone Rauschen der hohen Fichten rissen mich aus meinen Afrikaträumen zurück in die Gegenwart, wo sich im Nachbarzimmer die Männer um den wimmernden Pierre kümmerten.

Die Kanufahrt ins Jagdgebiet am nächsten Morgen, Pierre war noch in der Nacht nach Schefferville geflogen worden, war äußerst ungemütlich, als wir zum anderen Ufer übersetzten. Die Wellen hatten sich weiße Schaumkronen aufgesetzt, der Wind peitschte uns die Gischt ins Gesicht. Als wir das Boot festzurrten, waren wir völlig durchnässt.

Der Regen wurde stärker, und es war empfindlich kalt. Trotzdem begleiteten uns Schwärme von Fliegen, während wir in die Berge stiegen. Jeder von uns trug einen Rucksack, weil wir ein oder zwei Nächte draußen bleiben wollten, wir wanderten über morastige Heideflächen, glitschige Geröllhalden und balancierten auf Felsen und Steinen durch reißende Flüsse und Bäche. Bergauf, bergab ging es, aber nirgendwo war Wild auszumachen. In einem einzeln stehenden Baum saß ein drosselgroßer Vogel, der ähnlich schwermütig wie ein Zeisig rief. Sonst entdeckten wir kein tierisches Leben.

Immer wieder legten wir eine Rast ein, genossen die atemberaubende 360-Grad-Aussicht, und sofort strichen Häher heran, ließen sich wenige Meter von uns entfernt neugierig nieder, um erschreckt davonzuflattern, sobald wir uns wieder erhoben. So exakt wir auch die Hänge absuchten, wir konnten kein Wild ausmachen.

Über felsige Pfade zogen wir kilometerweit hangauf, hangab, bis schließlich die Sonne unterging. Als uns die Dunkelheit überraschte, rasteten wir, machten ein Feuer, genossen Bohnen und Speck aus der Konserve und wickelten uns dann in unsere Wolldecken.

Am zweiten Tag erweckte ein über alle anderen Erhebungen im weiten Umkreis herausragender Berg meine Neugier. Fast eine Stunde benötigte ich, um seinen Gipfel zu bezwingen. Die Anstrengungen hatten sich gelohnt: Was ich unter mir bestaunen konnte, die atemraubende Aussicht, machte demütig, war der Inbegriff des Erhabenen.

Ich scharrte mit den Schuhen auf dem kargen Boden und fand Raubwildlosung, wahrscheinlich von einem Kojoten. Welche Kleintiere mochten wohl in dieser Höhe, in dieser kahlen, felsigen und stets windigen Gegend überleben, dass ein Kojote so weit hinaufstieg, um sie zu fressen?

Beim Abstieg dachte ich an Tansania, an die Besteigung des Kibos gemeinsam mit meinem Sohn und an den Leoparden von Ernest Hemingway aus seinem Roman »Schnee auf dem Kilimandscharo«.

Tage ohne Zwänge, ohne Diktat von Uhrzeiten und Termindruck, von Wegen und Zäunen lagen vor uns. Allein der Stand der Sonne war unsere Uhr. Wir pirschten so weit, wie wir wollten, verbrachten die Nächte unter sternklarem Himmel, tranken das glasklare Wasser aus den zahllosen Bächen. Zu unserem Glück fehlten nur noch Rentiere. Ich wünschte mir, dass diese Reise nie zu Ende ginge.

Es war bereits dunkel, als wir schließlich missmutig ins Camp zurückkehrten, ohne ein Rentier gesehen zu haben.

Hier hörten wir über Radiofunk, dass kaum 20 Kilometer entfernt neun Karibus gestreckt worden waren. Die Nachricht hellte unsere Stimmung auf.

Die ganze Nacht hindurch regnete es. Der Morgen war diesig, die Sicht saumäßig. Der Bach hinter unserem Jagdlager, gestern noch ein kleines Rinnsal, war zu einem reißenden Strom mit brausenden Wasserfällen angewachsen. Unmöglich, ihn zu queren. Wir beschlossen daher, in einem anderen Gebiet zu jagen. Durch dichtes, feuchtes Moos, das uns knietief einsinken ließ, pirschten wir am Wasser entlang bergauf. Keine Anzeichen von Wild. Nur ein großer Flug Regenpfeifer, der nach Osten Richtung Labrador flog, bot Abwechslung.

Kein Wetter für Brillenträger. Da der Regen nicht aufhören wollte, verschwand meine Brille kurzerhand in der Jackentasche.

Als wir ins Camp zurückkehrten, erfuhren wir von zwei Amerikanern, dass jeder von ihnen zwei Karibus geschossen hatte. Auch einen starken Hirsch wollten sie gesehen haben, als er sich aus dem feuchten Moos erhob und schüttelte, dass das Wasser in dichten Tropfen aus seiner Decke stob. Und nach den Schüssen standen plötzlich in der weiten Ebene verstreut, wie hingezaubert, über 40 Karibus, erzählten die Männer.

Michel reagierte schweigsam auf diese Information. Am nächsten Morgen, während wir wieder in die Berge zogen, wirkte er einsilbig.

Nachdem wir es uns im Windschatten eines riesigen Felsbrockens bequem gemacht hatten, nahm der Freund - was nur in besonderen Situationen geschah - sogar die Pfeife aus dem Mund, um mir seine einfache, einleuchtende Theorie zu erläutern. »Nach den Schüssen der Amerikaner«, so erklärte er, »wurden die Karibus unruhig und erhoben sich. Genauso war es bei dem Schuss auf meinen Hirsch am ersten Tag, nachdem plötzlich Wild auftauchte. Also müssen wir schießen!«

Dann zielte er auf einen markanten Felsen in dem weit über 200 Meter entfernten See. Der Schuss brach. Mit dem Glas erkannte ich einen Meter zu tief den Kugeleinschlag. Ein zweiter Schuss fiel, die Kugel zerbarst an dem Felsen, und es trat ein, was Michel vorausgesagt hatte.

Rentier-Triplette

Wir machten in weiter Entfernung neun Karibus aus, die, durch die Knallerei rege geworden, durch den Widerhall getäuscht, zu uns herzogen. Nervös kamen sie, immer wieder verhoffend, näher. Der Abstand wurde schnell kleiner.

Wir repetierten, und dann hatte ich einen starken Hirsch im Absehen des Zielfernrohres. Wir schossen fast gleichzeitig, hatten jedoch die Entfernung unterschätzt. Das Rudel verhoffte - wir hatten beide gefehlt. Das Wild war wenig beeindruckt von unseren Schießkünsten.

Michel schoss sofort nach, ein Hirsch brach zusammen, und hoch angehalten gelang es mir, auf knapp 200 Meter zwei weitere Hirsche zu strecken. Da sah ich einen jungen Hirsch, der sich schwerfällig, mit krummem Rücken fortschleppte. Ohne zu zögern, erlegte ich auch ihn, er war durch einen Querschläger angebleit worden, obwohl ich nur zwei Lizenzen besaß.

Drei Schüsse, die jedem »Snyper« Ehre gemacht hätten. Ich hatte von Michel gelernt, dass in seiner Heimat derjenige den Titel »Snyper«, die englische Bezeichnung für Scharfschütze, bekäme, der eine Bekassine in der Luft mit der Kugel zu treffen vermag.

Das Zerwirken der vier Stücke war mühsam. Wir keuchten viermal die steilen Hänge hinauf, bis wir das Wildbret endlich nach stundenlanger Quälerei im Kanu geborgen hatten. Ameisen können ihr hundertfaches Eigengewicht tragen, ich musste grinsen, fühlte mich mit ihnen sehr verwandt, als ich die riesigen Fleischberge durch das unwegsame Gelände zum Boot schleppte, das danach bedenklich tief im Wasser lag.

Auf dem Rückweg zum Camp stand am Fluss ein reifer Hirsch. Träger und Läufe leuchteten hellgrau. Das starke Geweih mit guten Vorschaufeln schwang ausladend nach hinten und zeigte dann im großen Bogen nach vorn. In federndem Troll verschwand er im dichten Weidengestrüpp.

Es wurde wieder stürmischer. Tief hingen die regenschweren Wolken, und erst drei Tage später als geplant konnte uns das Buschflugzeug endlich in die Zivilisation zurückbringen. Bis dahin zogen in unmittelbarer Nähe unseres Lagers Hunderte von Rentieren vorüber, von dunkelbraun über grau bis fast weiß gefärbt, ein beeindruckender Anblick. Und später, auf dem Rückflug, beobachteten wir in dem Gebiet, in dem wir gejagt und drei Wochen lang kaum ein Rentier gesehen hatten, nun unzählige Karibus. Kleine Trupps, größere Herden von 20 oder 30 Tieren, und es wurden immer mehr. Die große Wanderung hatte begonnen. Atemberaubend, unglaublich, unbeschreiblich war dieses gewaltige Naturspek-

Alljährlich wiederkehrende Farbenpracht: Indian Summer in Kanada.

takel. Riesige Rentierherden zogen zielstrebig einem imaginären Punkt entgegen, vereinigten sich zu noch größeren Trupps und ließen sich kaum aufhalten. Die Täler waren angefüllt von einer Masse wogender Wildkörper. Ein Anblick, der den Atem stocken ließ. Während der Wanderung gesellten sich immer mehr Rudel dazu, bis die große Herde auf sicher über 400.000 Stück angewachsen war.

Und ich dachte an die kaum zählbaren Gnus auf ihren jährlichen Wanderungen in Ostafrika. Afrika im hohen Norden des amerikanischen Kontinents? Das nicht! Aber die Massen an Rentieren waren ebenso beeindruckend wie die Gnus, die Tundra-Wildnis war ebenso faszinierend und wildreich wie die Serengeti.

Als wir nach dieser erfolgreichen »Safari« in Schefferville landeten, waren wir äußerlich von den Einheimischen kaum noch zu unterscheiden. Um die Wartezeit auf den Anschlussflug zu verkürzen, begaben wir uns in eine einfache Bar. Der Wirt, ein freundlicher Amerikaner, musterte uns von oben bis unten und begrüßte uns dann strahlend mit den Worten: »Ich weiß, was ihr jetzt braucht, ein paar doppelte Whiskys«, und während er die Luft hörbar durch die Nase zog, fuhr er fort: »Eine Dusche findet ihr danach hinter der zweiten Tür rechts.«

NACH-GEDANKEN

Zu hoffen bleibt, dass auch meine Enkel erleben werden,
was ich erfahren durfte:
aktiv in Gottes großartiger Schöpfung zu wirken,
zu staunen und an ihr zu partizipieren.
Zu wünschen ist ihnen,
dass sie Wildtieren auch in Zukunft in freier Wildbahn
begegnen werden.

Des Waidmanns Weib - ich war mal eben weg

Wer im Mittelalter auf Wallfahrt ging, machte vorher sein Testament. Auch der Ausgang einer Safari war stets ungewiss - bis zum Tag der Rückkehr. Die Welt war noch kein vernetztes globales Dorf. Kein Navi, kein Telefon. Großwildsafaris dauerten bis zu drei Monate und länger. Jäger nahmen sich viel Zeit, mussten Strapazen auf sich nehmen, benötigten Wochen, um per Pferd oder zu Fuß, begleitet von ihren Trägern, in Jagdgebiete zu gelangen, in die vorher kaum ein Fremder seinen Fuß gesetzt hatte. Jagd war Abenteuer. Heute werden Sieben-Tage-Safaris angeboten und von professionellen Jagdreisevermittlern bis ins kleinste Detail organisiert - Gefahren, Entbehrungen und Risiken exklusive.

Trotzdem war es für meine Frau mitunter ein echtes Abenteuer. Ich war unerreichbar für den Rest der Welt, im wahrsten Sinne des Wortes weg, wie ein Zugvogel, aber der Rest der Welt war auch unerreichbar für mich. Das wusste ich - meine Familie ebenfalls.

Meine Frau hörte oft wochen- oder monatelang nichts von mir, wusste nicht, wo genau ich mich aufhielt und ob ich überhaupt noch am Leben war, wenn ich in Neuseeland im Busch verschwand oder mich in Südamerika vor bestechlichen Beamten verstecken musste. Sie wurde bewundert, aber um ihr Leben neben mir selten beneidet.

Sie trug es mit Fassung, hatte viel Verständnis für meine Passion, auch wenn das Leben nicht immer einfach für sie war.

Ich erinnere mich eine Jagd in Slowenien, bei der sie in einer primitiven Jagdhütte täglich acht bis zehn Stunden bei eisiger Kälte ausharrte, bis wir von der Mufflonjagd zurückgekehrt waren. Schon von Weitem rief mein Jagdführer, als wir uns nach erfolgreicher Jagd der Hütte näherten: »Frau, Eier kochen!« Der Mann konnte nicht verstehen, dass meine Frau den Wasserkessel auf den Ofen stellte. Wie sollte man denn damit auch das Kurzwildbret meines Widders zubereiten?!

Auf einer Fotosafari in Afrika wurde ihre Belastbarkeit auf eine besonders harte Probe gestellt. Zu Beginn der Reise stürzte sie so unglücklich,

dass sie sich den Unterarm brach. Kein Krankenhaus weit und breit. Glücklicherweise konnte die Frau eines Gastes als Ärztin notdürftig helfen. Die Bruchstelle wurde mit dicken Palmenwedeln geschient, und trotz großer Schmerzen machte Löhrchen die Reise bis zum Ende mit. Wir fuhren damals zu den Ovahimbas an die Grenze von Angola.
Für diese Strecke benötigten wir seinerzeit vier bis fünf Tage und kampierten unter freiem Himmel. Ohne allradangetriebene Fahrzeuge war es unmöglich, bis an den Kunene zu kommen. Heute befördern bequeme Reisebusse auf einer ausgebauten Straße massenweise Touristen an einem Tag hin und zurück - zulasten von Kultur, Ursprünglichkeit und Identität der Himbas, Produkt und Folge gut gemeinter Entwicklungshilfe aus dem fernen Europa.

Der Schöpfung so nah

Ich habe mein Leben lang nicht viel mehr getan, als zu jagen. Wenn man immer der Erste, Schnellste, Beste sein wollte und war, plötzlich jedoch von der Jugend überholt wird, kann man sich mit dem Älterwerden nur schwer abfinden. Ich leide unter der Zunahme der Jahresringe, tue mich schwer mit dem »Reiferwerden«, trotzdem werde ich weiter jagen, bis ich für immer in die ewigen Jagdgründe hinüberwechsele.
Seit meiner Jugendzeit haben sich Jagd und Jäger sehr gewandelt. Als Junge konnte ich jagdlich aus dem Vollen schöpfen. Ob Nieder- oder Hochwild, intakte Lebensräume versprachen abwechslungsreiche, heute kaum vorstellbare hohe Strecken. Diese Zeiten sind vorüber, die Verarmung der Jagd in deutschen Landen schreitet fort.
Die Unruhe durch das freie Betretungsrecht der freien Landschaft für Erholungsuchende zu jeder Tages- und Nachtzeit engen das Aktionsfeld der Jäger und den Lebensraum des Wildes mehr und mehr ein, aber solange die Menschheit besteht, wird es Leben und Jagen geben, allerdings unter anderen Vorzeichen, als unter denen ich meiner Leidenschaft nachgehen durfte. Ich hoffe, dass in der Zukunft Jagd bleiben wird, was sie für mich ein Leben lang war: mit Freude verantwortungsvoll einen Beitrag zum Natur- und Umweltschutz zu leisten und mitzuhelfen, meinen Nachkommen ein heiles Erbe zu erhalten. Ich wünsche mir, dass auch meine Enkel erleben werden, was ich erfahren durfte: aktiv in Gottes großartiger Schöpfung zu wirken, zu staunen und an ihr zu partizipieren. Ich hoffe, dass sie Hirsche und Hasen, Rehe und Füchse nicht nur als Lehr-, Forschungs- oder Schauobjekte in Gehegen, Nationalparks oder als willenlose, verspielte, ihrer Freiheit beraubte Kreaturen im Zoo oder Zirkus finden, sondern in freier Wildbahn be-

Rehwild
im letzten Abendlicht.

Feldhasen sind ein Symbol des Frühlings
und der Fruchtbarkeit.

staunen können, dass es so bleibt, wie es der österreichische Künstler und Schriftsteller Oskar Kokoschka treffend formuliert hat: »Wer noch staunen kann, wird auf Schritt und Tritt beschenkt.«

Grüß Gott, ich bin eine Grüne Dame

Im Gegensatz zu meinen Eltern kann ich auf ein traumhaftes Leben zurückblicken. Auf dem Lande, dort, wo ich groß geworden bin, zählten vor allem Nachbarschaftshilfe und Nächstenliebe. Erschien jemand aus dem kleinen Dorf nicht zur Arbeit, geriet die ganze Gemeinschaft in Unruhe, war jemand krank, nahmen alle Dorfbewohner Anteil und halfen. Es war selbstverständlich, dass wir Jungens an hohen Feiertagen, wenn Angestellte Urlaub bekamen, in der Landwirtschaft einsprangen. Das Wohl der Allgemeinheit und Harmonie lagen in der dörflichen Gemeinschaft jedem Einzelnen am Herzen.

Der christliche Glaube hat mich geprägt und mir mein Leben lang Kraft und Zuversicht gegeben. Der Glaube an unseren Schöpfer ist in meiner Familie von Generation zu Generation weitergegeben worden. Wäre da nicht meine unbändige Jagdpassion gewesen, hätte ich gewiss Theologie oder Forstwissenschaft studiert. Auch ein gewisser Grad an Faulheit hat mich allerdings davon abgehalten, Pastor zu werden.

Als Kinder mussten wir sonntags zum Gottesdienst in unsere Patronatskirche in das sechs Kilometer entfernte Heidedorf Sülze. Nach der Predigt mussten wir unserer Großmutter, die im ersten Stockwerk des Herrenhauses lebte, über den Gottesdienst berichten und ihr die Grüße der Dorfbewohner ausrichten. Anschließend durfte sich jeder von uns aus einem Glas zwei kleine, himbeerähnliche Bonbons nehmen. Auf dieses Geschenk freuten wir uns die ganze Woche. Viele Jahre später, ich hatte bereits eine eigene Familie, besuchte meine Mutter ihre Enkel. Sie brachte meinen Sprösslingen je eine Tafel Schokolade mit. Die war in

Windeseile verzehrt. Nur mein strenger Blick hielt die Kinder davon ab, die Großmutter zu fragen: »Dürfen wir noch mehr?« So ändern sich die Zeiten.

Den Grundstein für meinen Glauben hat meine Mutter gelegt. Nachdem mein Vater als vermisst galt, fuhr sie, als die Spätheimkehrer aus Russland zurückkehrten, wie viele Kriegerwitwen damals, wenn ein Transport nach Deutschland kam, in das Durchgangslager Friedland, in der Hoffnung, er sei unter den Ankömmlingen aus Sibirien. Bis Mitte der 1950er-Jahre verging kein Mittagessen und kein Abend, an dem wir nicht für unseren Vater beteten. Die Trauer der unzähligen Witwen und Waisen ist heute fast vergessen - in der Grundschule waren wir 24 Kinder in einer Klasse, nur vier davon hatten noch einen Vater! Ich habe meine beiden Großmütter nie anders als in schwarzer Trauerkleidung gesehen.

Meine Mutter hatte es als Kriegerwitwe schwer, musste viele Anfeindungen bei der Verwaltung des Familienbesitzes über sich ergehen lassen, und natürlich wusste ich, dass mein Vater nicht freiwillig seine junge Familie und seinen Besitz zurückgelassen hatte, um in den Krieg zu ziehen. Erwähnte ich es, musste auch ich mir manche Unwahrheiten und Unverschämtheiten anhören und habe darunter gelitten.

Als viel später in Lüneburg ein Kriegerdenkmal abgerissen wurde, ich einen Leserbrief in der Zeitung veröffentlichte, bekam ich als »Sohn eines Junkers« Morddrohungen. Ich warf sie in den Papierkorb, ein Freund riet mir allerdings, die Briefe der Polizei zu übergeben. Also kramte ich das zerknitterte Papier wieder hervor und las es einem Beamten am Telefon vor. »Eine Anzeige wird kaum Erfolg haben, wir sind derart überlastet, dass ich Ihnen rate, die Angelegenheit besser auf sich beruhen zu lassen«, erwiderte er, und der Brief wanderte erneut in den Papierkorb. Einen Tag später berichtete ich davon einem befreundeten Richter, der aufgeregt meinte, das sei ein Fall für die Staatsanwaltschaft. Also fischte ich den Brief wieder hervor, telefonierte, ein Gerichtsdiener erschien umgehend in seinem Dienstwagen, nahm den Drohbrief mit, und innerhalb einer Woche erfuhr ich, dass man eine Akte angelegt habe und den Fall verfolgen werde. Ein Jahr später wurde die Akte geschlossen.

So weit meine Verbindung zum Dritten Reich, die darin gipfelte, dass ich als Nazi verschrien wurde, weil ich das Deutsche Jagdgesetz, das als vorbildlich in der Welt gilt, verteidigte. Wie könnte man etwas aus der Nazizeit gutheißen? Das Jagdgesetz wurde bereits 1931 in seinen Grundlagen ausgearbeitet, lange bevor Hitler an die Macht kam, aber gegen Unwissenheit und Ideologie ist nun mal kein Kraut gewachsen. Das in vielen

Mystisch verzauberter Wald.

Teilen heute noch geltende Tierschutzgesetz stammt ursprünglich aus derselben Zeit. Dahingehend wurde ich allerdings nie angegriffen.
Ich bin die erste männliche Grüne Dame Deutschlands. Die Grünen Damen sind eine Laienbewegung, der sich tätige Menschen aus christlicher Überzeugung und sozialem Engagement heraus angeschlossen haben, um in Krankenhäusern, Alten- und Pflegeheimen älteren, kranken, gebrechlichen und einsamen Menschen zu helfen.
Über meinen ehrenamtlichen Dienst habe ich das Buch »Vom Glück des Gebens« geschrieben. Die Idee entstand im afrikanischen Busch, wo Menschlichkeit alltäglich erfahren und gelebt wird. Dort erlebte ich unter primitiven Verhältnissen und fröhlichen Menschen mehr Hilfsbereitschaft als im »kultivierten« Europa. Ich hoffte, mit dem Buch andere Männer respektive Herren für diese Aufgabe zu motivieren, erfolglos. Viele Ehrenposten auf sozialem Gebiet in Deutschland sind fest in weiblichen Händen. Dabei sind sie für jeden, der sich für seinen Nächsten einsetzt, erfüllend und befriedigend.
Wenn man eine Stunde am Krankenbett einer jungen Frau sitzt, während sie von ihren Kindern erzählt, zwischendurch ihre Lippen anfeuchtet oder ihr den Schweiß von der Stirn tupft, versucht, ihren kahlen Kopf zu übersehen, den ihr wochenlange Chemotherapien beschert haben, und weiß, sie wird in zwei, drei Wochen nicht mehr leben, drei kleine Kinder und einen trauernden Witwer allein zurücklassen, hat man keine eigenen Probleme mehr.
»Man jagt nicht, um zu töten, sondern umgekehrt, man tötet, um gejagt zu haben«, schrieb einst José Ortega y Gasset. Dem stimme ich zu, ich muss heute nicht mehr töten, um gejagt zu haben. Ich schaue, genieße, fühle mich geborgen und verstanden, wenn ich mit dem Gewehr über der Schulter und meinem Hund an der Seite durch Gottes wunderschöne Natur streifen darf.

Bibliografische Angaben

Verfasste Bücher

1991 Mit Buchenblatt und Büchse
Jagderzählungen - Paul Parey Verlag
1993 Auf fremden und vertrauten Wechseln
Erzählungen - Paul Parey Verlag
1996 Eines Jägers Fahrten und Fährten
Jagdgeschichten - Landbuch Verlag
1998 Meines Jagens schönste Stunden
Erzählungen - Agrarverlag, Wien
1998 Wunderwelt Natur
Unterhaltung - Venatus Verlag
1998 Jagen hat seine Zeit
Jagdgeschichten - Landbuch Verlag
1999 Zauber der Wildbahn
Bildband - BLV Verlag
1999 Lehrbuch der Rehwildjagd
Fachbuch - Venatus Verlag
1999 Das Handbuch Kräuter und Heilpflanzen
Sachbuch - ECO Verlag, Köln
2000 Bilder meines Jägerlebens
Erzählungen - Landbuch Verlag
2002 Afrikanische Pirsch
Jagdabenteuer - Kosmos Verlag
2003 Zauber der Wildbahn, 2. Auflage
Bildband - BLV Verlag
2003 Die Blattjagd
Ratgeber - BLV Verlag
2004 Fesselnde Augenblicke der Jagd
Bildband - Kosmos Verlag
2004 Reden für Jäger
Sachbuch - Kosmos Verlag
2005 Hubertuscocktail
Unterhaltung - Kosmos Verlag
2005 Praxistipps Rehwildjagd
Lehrbuch - Kosmos Verlag
2005 Pferde - stolze Gefährten
Sachbuch - Arena Verlag, Erftstadt
2005 Hunde - treue Begleiter
Sachbuch - Arena Verlag, Erftstadt
2005 Vom Glück des Gebens
Unterhaltung / Fachbuch - Druck- und Verlagsges. Rudolf Otto, Berlin
2005 Jagen in Masuren
Unterhaltung - Neumann-Neudamm
2006 Durch regenschwere Heide und staubige Savanne
Jagderlebnisse - Steffen Verlag, Friedland
2006 Das große Lexikon der Mineralien
Nachschlagewerk - Voltmedia GmbH, Paderborn
2006 Zauber der Wildbahn, 3. Auflage
Bildband - Weltbild-Verlag
2007 Einfach zum Schießen
Jägerwitze - Neumann-Neudamm
2007 Ist die Kugel aus dem Lauf
Fachbuch Schriftenreihe - Gothaer Versicherung
2007 Wilde Jagd und stille Einkehr
Jagdbelletristik - NWM-Verlag
2008 Praxistipps Schwarzwildjagd
Sachbuch - Kosmos Verlag
2009 Hubertuscocktail - nachgeschenkt
Unterhaltung - Kosmos Verlag
2009 Einfach zum Schießen II
Jägerwitze - Neumann-Neudamm
2010 Schwarzwild erfolgreich bejagen
Fachbuch - Kosmos Verlag
2010 Fesselnde Augenblicke der Jagd, 2. Auflage
Bildband - Kosmos Verlag
2010 Jagdhunde Ausbildung
Lehrbuch - Müller Rüschlikon
2010 Reviernotizen
Jagderfahrungen - Kosmos Verlag
2012 Mein Wildtier-Abenteuer
Kinderbuch - NWM-Verlag
2012 Hubert, der Jäger
Jägerwitze - Neumann-Neudamm
2012 Jagen mit Herz und Hund
Hundebegegnungen - BLV Verlag
2012 Zwischen Bast und blanken Enden
Rehbockerzählungen - Neumann-Neudamm
2013 Vom Grau ins Grün
Kinderbuch - NWM-Verlag
2013 Mit Buchenblatt und Büchse, 2. Auflage
Jagderzählungen - Kosmos Verlag
2013 Wölfe
Bildband - Neumann-Neudamm
2014 Faszination Jagd
Bildband - BLV Verlag
2014 Reden für Jäger, 2. Auflage
Sachbuch - Neumann-Neudamm
2015 Ach du dicker Hund
Jagdhundewitze - Neumann-Neudamm
2015 Auf der Fährte des Jägers
Erzählungen - BLV Verlag
2015 Hubertus-Cocktails
Humor - Kosmos Verlag
2015 Afrikanische Pirsch
Jagdabenteuer - Neumann-Neudamm
2017 Sauen: Hunde, Hatz und Hörnerklang
Bildband - Kosmos Verlag
2017 Jagen gegen den Wind
Autobiographie - Kosmos Verlag
2018 Harlings Jagd (B)revier
Kritische Texte - Neumann-Neudamm
2018 Jagd-Geschichten zwischen Tag und Traum
Jagderzählungen - Müller Rüschlikon
2019 Jagd- und Jägerbräuche im Wandel
Jagdkultur - Müller Rüschlikon
2020 Besondere Jagdmomente
Bildband - BLV Verlag
2020 Die Jagd bleibt auf der Strecke
Kritische Texte - NWM-Verlag

Mitverfasste Bücher

1997 Melsunger Wildkochbuch
Kochbuch - Gesund+fit, Krumbach
MV: Fritz Faist

1997 Von der Natur in die Küche
Kochbuch - Gesund+fit, Krumbach
MV: Fritz Faist

1997 Ehreshovener Wildkochbuch
Kochbuch - Gesund+fit, Krumbach
MV: Fritz Faist

1997 Gut Grambow Wildkochbuch
Kochbuch - Gesund+fit, Krumbach
MV: Fritz Faist

1998 Noch mehr Tipps für Jagd und Jäger
Lehrbuch - Venatus Verlag, Braunschweig
MV: Carsten Bothe

2000 Noch mehr Praxistipps für Jagd und Jäger
Band 2, Lehrbuch - Venatus Verlag
MV: Carsten Bothe

2001 Chausseehäuser Wildkochbuch
Kochbuch - Gesund+fit, Krumbach
MV: Fritz Faist

2001 Das zweite Ehreshovener Wildkochbuch
Kochbuch - Gesund+fit, Krumbach
MV: Fritz Faist

2001 Gartower Wildkochbuch
Kochbuch - Gesund+fit, Krumbach
MV: Fritz Faist

2001 Schnuckeliges aus der Heide
Rezeptbuch - Gesund+fit, Krumbach
MV: Fritz Faist

2001 Das neue Melsunger Wildkochbuch
Wildrezepte - Codex Verlag, Oberrohr
MV: Fritz Faist

2002 Wolthäuser Wildkochbuch
Kochbuch - Gesund+fit, Krumbach
MV: Fritz Faist

2004 Mecklenburger Spezialitäten
Kochbuch - Codex Verlag, Günzburg
MV: Fritz Faist

2004 Die besten Tipps für Jagd und Jäger
Lehrbuch - Kosmos Verlag
MV: Carsten Bothe

2004 Beerenträume vom Gut Erichshof
Rezeptbuch - Gesund+fit, Krumbach
MV: Fritz Faist

2004 Melsunger Wildspezialitäten
Kochbuch - Codex Verlag, Günzburg
MV: Fritz Faist

2004 Landgut von Bodenhausen Wildspezialitäten
Kochbuch - Codex Verlag, Günzburg
MV: Fritz Faist

2004 Das neue Chausseehäuser Wildkochbuch
Kochbuch - Codex Verlag, Günzburg
MV: Fritz Faist

2004 Wildspezialitäten der Jägerschaft Lüneburg
Kochbuch - Codex Verlag, Günzburg
MV: Fritz Faist

2005 »Geistvolle« Spezialitäten - Kochbuch -
Codex Verlag, Günzburg - MV: Fritz Faist

2007 Noch mehr Tipps für Jagd und Jäger
Lehrbuch - Kosmos Verlag
MV: Carsten Bothe

2010 Noch mehr Tipps für Jagd und Jäger, Band 2
Lehrbuch - Kosmos Verlag
MV: Carsten Bothe

2010 Aus alten Wurzeln
Dokumentation - Landbuch Verlag
MV: Dr. C. Baetge

2012 450 Tipps für Jagd und Jäger
Praxisratgeber - Kosmos Verlag
MV: Carsten Bothe

2014 Zauber der Hirschbrunft
Jagderzählungen - Neumann-Neudamm

2014 Auf Rehe und Sauen
Praxisratgeber - Kosmos Verlag

2014 Jagd-Erlebnis und Kulturerbe
Anthologie - NWM-Verlag

2014 ABC der Jagdkultur
Jagdkultur - NWM-Verlag

2015 600 Tipps für die Jagdpraxis
Sachbuch - Kosmos Verlag

Mitarbeit an Büchern

1989 Weites Land und grüne Zunft
Jagdgeschichten - Verlag C.H. Wäser,
Bad Segeberg

1995 Meine Weihnachtsgeschichte
Erzählungen - Lingen Verlag,
Bergisch Gladbach

1996 Die Jagd
Bildband - Könemann, Köln

1998 Mit grüner Feder
Anthologie - Agrarverlag, Wien

2004 Saudusel und Silvesterhase
Anthologie - Leopold Stocker Verlag, Wien

2008 Warum ich jage
Unterhaltung - Edition Michael Jahr, Hamburg

2009 Vom Kampf der Giganten
Anthologie - NWM-Verlag,
Grevesmühlen

Übersetzungen fremder Bücher

2004 Unvergessenes Afrika
(African Hunter, Baron von Blixen)
Übersetzung aus dem Englischen -
Jagd- und Kulturverlag, Sulzberg

2005 Jagdbriefe aus Ostafrika
(The African Letters, Baron von Blixen)
Übersetzung aus dem Englischen -
Jagd- und Kulturverlag, Sulzberg

2006 Abenteuer eines passionierten Elefanten-
jägers (The adventures of an elephant
hunter, James Sutherland)
Übersetzung aus dem Englischen -
Jagd- und Kulturverlag, Sulzberg

2008 Fabelhaftes Afrika
(A Far from Ordinary Life, Fred Duckworth)
Übersetzung aus dem Englischen -
Paul Parey Zeitschriftenverlag, Singhofen

2011 Der perfekte Schuss
(The Perfect Shot, Kevin Robertson)
Übersetzung aus dem Englischen -
Deutscher Landwirtschaftsverlag,
München
2016 Neun Menschenfresser und ein Killer-Elefant, Kenneth Anderson
Übersetzung aus dem Englischen -
Paul Parey Zeitschriftenverlag, Singhofen
2017 Großwildjagd im alten Afrika,
Brian Nicholson - Übersetzung aus dem Englischen - Neumann-Neudamm,
Melsungen

Übersetzte eigene Bücher
2005 Abc mysliwego
Die besten Tipps für Jagd und Jäger -
Warszawa: MUZA
2006 Nejlepsi rady pro myslivce
Die besten Tipps für Jagd und Jäger -
Vydalo Vydavatelstvi Vikend, Prag
2006 Prakticke rady pro lov srnci zvere
Praxistipps Rehwildjagd -
Vydalo Vydavatelstvi Vikend, Prag
2006 Medinas
Zauber der Wildbahn -
Slovart print s.r.o. Bratislava
2007 A Vadcsap'asok Var'azsa
Zauber der Wildbahn -
Slovart print s.r.o. Bratislava
2007 Lov srnce Vabenims
Lehrbuch der Rehwildjagd -
Grada Publishing, Prag
2007 Lov Srnce Vabenim
Die Blattjagd - Vydala Grada Publishing,
Prag
2008 Srnjak lov na Srnecu Divljac
Die Blattjagd - Za Hrvatsku-Stanek Vazdin
2008 Nove nejle rady pro myslivce
Noch mehr Tipps für Jagd und Jäger -
Vydalo Vydavatelstvi Vikend, Prag
2009 Prakticka prirucka pro lov cerne zvere
Praxistipps Schwarzwildjagd -
Vydalo Vydavatelstvi Vikend, Prag
2011 Doswiadczonego mysliwego
Noch mehr Tipps für Jagd und Jäger -
MUZA SA, Warschau

Publikationen in anderer Form
1995 Zwischen Buschmannsland, Okavango und Etosha - Video -
Studio JAS Film Medienservice, Asendorf
1995 Auf Pirsch mit Kamera und Büchse - Namibia
Video - Studio JAS Film Medienservice,
Asendorf
1996 Praxisratgeber Flintenschießen -
Video - Videosail Transvidac, Asendorf
1996 Auf der Fährte des schwarzen Bären
Video - Studio JAS Film Medienservice,
Asendorf
1997 Auf Pirsch mit Kamera und Büchse - Mufflon
Video - Studio JAS Film Medienservice,
Asendorf
1997 Tips und Tricks für Jagd und Jäger
Video - Studio JAS Film Medienservice,
Asendorf
1998 Auf Pirsch mit Kamera und Büchse - Südafrika
Video - Transvidac Video und Multimedia
Produktionsges., Asendorf
1999 Büffeljagd in Afrika
Video - Transvidac Video und Multimedia
Produktionsges., Asendorf
1999 Bärenjagd in Russland
Video - Transvidac Video und Multimedia
Produktionsges., Asendorf
2003 Schnell schießen - sicher treffen
Video - Transvidac Video und Multimedia
Produktionsges., Asendorf
2007 Jagen in Masuren
Hörbuch - Neumann-Neudamm, Melsungen
2008 Begegnungen
Hörbuch - Neumann-Neudamm, Melsungen

Zum Autor

Gert G. v. Harling war Schriftleiter bei der Jagdzeitschrift »Wild und Hund« und Lektor für Jagd und Forst im Verlag Paul Parey. Heute ist er freier Journalist, Jagdschriftsteller, Fachberater für Jagd- und Naturvideos, Übersetzer sowie Organisator und Begleiter von Jagdreisen. Wie kein Zweiter fasst er seine Faszination für die Jagd in emotionale Worte.

Impressum

jagdleben

BLV ist eine eingetragene Marke der GRÄFE UND UNZER VERLAG GmbH, www.blv.de

ISBN 978-3-96747-055-0
3. Auflage 2025

Projektleitung: Fabian Barthel
Lektorat: Angelika Glock
Bildredaktion: Petra Ender, Angelika Glock, Natascha Klebl (Cover)
Korrektorat: Andrea Lazarovici
Umschlaggestaltung: kral & kral design, Dießen a. Ammersee
Herstellung: Petra Roth
Layout: kral & kral design, Dießen a. Ammersee
Satz: Anton Walter, Gundelfingen
Repro: Longo AG, Bozen
Druck und Bindung: Lvonia Print, SIA

Umwelthinweis:
Nachhaltigkeit ist uns sehr wichtig. Der Rohstoff Papier ist in der Buchproduktion hierfür von entscheidender Bedeutung. Daher ist dieses Buch auf PEFC-zertifiziertem Papier gedruckt. PEFC garantiert, dass ökologische, soziale und ökonomische Aspekte in der Verarbeitungskette unabhängig überwacht werden und lückenlos nachvollziehbar sind.

Bildnachweis

Alle Bilder stammen von **Frank Eckler**, mit Ausnahme von: **Adobe Stock**: S. 13-1, 13-2, 37, 51-3, 111-1, 190-1, 190-2, 191-2, 195-1, 195-2, 203-1, 203-2, 205, 213; **Remo Engelbrecht**: S. 9, 117-2, 125-2, 134-3, 135-1, 141,-1, 141-2, 146-1, 146-2, 147-1, 147-3, 159-1, 159-2, 163, 177; **Angelika Glock**: S. 87-2; **Gert G. v. Harling**: S. 47-1, 69-1, 94, 95-3, 103, 111-2, 116-1, 116-2, 116-3, 117-1, 117-3, 125-1, 127, 134-1, 134-2, 135-2, 135-3, 141-3, 146-3, 147-2, 150, 155, 185, 191-3, 195-3; **Hans Martin Lösch, Jagdschule Gut Grambow**: S. 64; **Michael Schlenther**: S. 35; **Shutterstock**: S. 57, 65; **Hans-Jürgen Wege**: S. 4, 222.
Alle Aquarelle stammen von **Leonore v. Harling.**

Wichtiger Hinweis

Das vorliegende Buch wurde sorgfältig erarbeitet. Dennoch erfolgen alle Angaben ohne Gewähr. Weder Autor noch Verlag können für eventuelle Nachteile oder Schäden, die aus den im Buch vorgestellten Informationen resultieren, eine Haftung übernehmen.

Liebe Leserin und lieber Leser,
wir freuen uns, dass Sie sich für ein BLV-Buch entschieden haben. Mit Ihrem Kauf setzen Sie auf die Qualität, Kompetenz und Aktualität unserer Bücher. Dafür sagen wir Danke! Ihre Meinung ist uns wichtig, daher senden Sie uns bitte Ihre Anregungen, Kritik oder Lob zu unseren Büchern. Haben Sie Fragen oder benötigen Sie weiteren Rat zum Thema?
Wir freuen uns auf Ihre Nachricht!

GRÄFE UND UNZER Verlag
Grillparzerstraße 12
81675 München
www.graefe-und-unzer.de

DIE KÖNNTEN SIE AUCH INTERESSIEREN.

ISBN 978-3-96747-151-9

ISBN 978-3-96747-003-1

ISBN 978-3-96747-044-4

ISBN 978-3-96747-120-5

Auch als E-Book erhältlich

Mehr von BLV auf **www.blv.de**